助力乡村振兴
出版计划

科技与管理系列】

名优茶
机械化加工技术

主　编　丁　勇

副 主 编　雷攀登

时代出版传媒股份有限公司
安徽科学技术出版社

图书在版编目(CIP)数据

名优茶机械化加工技术 / 丁勇主编. --合肥:安徽科学技术出版社,2022.12
助力乡村振兴出版计划. 现代农业科技与管理系列
ISBN 978-7-5337-6579-8

Ⅰ.①名…　Ⅱ.①丁…　Ⅲ.①制茶工艺-机械化
Ⅳ.①TS272.4

中国版本图书馆 CIP 数据核字(2022)第 212024 号

名优茶机械化加工技术　　　　　　　　　　　　　主编 丁 勇

出版人:丁凌云　选题策划:丁凌云　蒋贤骏　余登兵　责任编辑:田　斌
责任校对:李　茜　责任印制:李伦洲　　　　　　　　装帧设计:王　艳
出版发行:安徽科学技术出版社　　　　http://www.ahstp.net
　　　(合肥市政务文化新区翡翠路 1118 号出版传媒广场,邮编:230071)
　　电话:(0551)63533330
印　　制:安徽联众印刷有限公司　　　电话:(0551)65661327
(如发现印装质量问题,影响阅读,请与印刷厂商联系调换)

开本:720×1010　1/16　　　印张:9.75　　　字数:135 千
版次:2022 年 12 月第 1 版　　　印次:2022 年 12 月第 1 次印刷

ISBN 978-7-5337-6579-8　　　　　　　　　　定价:43.00 元

"助力乡村振兴出版计划"编委会

主　任

查结联

副主任

陈爱军　罗　平　卢仕仁　许光友
徐义流　夏　涛　马占文　吴文胜
董　磊

委　员

胡忠明　李泽福　马传喜　李　红
操海群　莫国富　郭志学　李升和
郑　可　张克文　朱寒冬　王圣东
刘　凯

【现代农业科技与管理系列】

（本系列主要由安徽农业大学组织编写）

总主编: 操海群
副总主编: 武立权　黄正来

出版说明

　　"助力乡村振兴出版计划"（以下简称"本计划"）以习近平新时代中国特色社会主义思想为指导，是在全国脱贫攻坚目标任务完成并向全面推进乡村振兴转进的重要历史时刻，由中共安徽省委宣传部主持实施的一项重点出版项目。

　　本计划以服务乡村振兴事业为出版定位，围绕乡村产业振兴、人才振兴、文化振兴、生态振兴和组织振兴展开，由《现代种植业实用技术》《现代养殖业实用技术》《新型农民职业技能提升》《现代农业科技与管理》《现代乡村社会治理》五个子系列组成，主要内容涵盖特色养殖业和疾病防控技术、特色种植业及病虫害绿色防控技术、集体经济发展、休闲农业和乡村旅游融合发展、新型农业经营主体培育、农村环境生态化治理、农村基层党建等。选题组织力求满足乡村振兴实务需求，编写内容努力做到通俗易懂。

　　本计划的呈现形式是以图书为主的融媒体出版物。图书的主要读者对象是新型农民、县乡村基层干部、"三农"工作者。为扩大传播面、提高传播效率，与图书出版同步，配套制作了部分精品音视频，在每册图书封底放置二维码，供扫码使用，以适应广大农民朋友的移动阅读需求。

　　本计划的编写和出版，代表了当前农业科研成果转化和普及的新进展，凝聚了乡村社会治理研究者和实务者的集体智慧，在此谨向有关单位和个人致以衷心的感谢！

　　虽然我们始终秉持高水平策划、高质量编写的精品出版理念，但因水平所限仍会有诸多不足和错漏之处，敬请广大读者提出宝贵意见和建议，以便修订再版时改正。

本册编写说明

"一片叶子，兴了一个产业，富了一方百姓"，茶产业已成为广大茶区乡村振兴的支柱产业。我国名优茶种类繁多、品质优异，是茶产业的主导品类和特色茶类。随着农村劳动力不断转移及生产效率提升需求增大，全面推动茶叶加工机械化尤为重要。茶叶加工机械是茶叶科技物化、新技术应用的主要载体，先进机械制茶技术的普及，有利于促进茶叶科技成果转化和茶叶生产全程机械化。当前，在名优茶机械化加工中，仍然存在设备不精良、选型不合理、工艺不科学、流程不通畅、品质不理想等诸多问题。因此，亟须针对不同名优茶加工特性，科学选配设备，优化工艺流程及关键技术，实现制茶工艺与设备的紧密协同，以促进机制名优茶的品质提升。

本书分为绪论、茶厂条件和鲜叶管理、名优绿茶加工、名优红茶加工、炒青等多茶类加工、茶叶加工设备、茶叶包装贮藏和质量标准等章节，重点介绍了扁形、尖朵形、卷曲形、针形、条形、颗粒形等名优绿茶和卷曲形、针形、花香型等名优红茶机械化加工的关键工艺与技术要点；并简述了炒青、工夫红茶、红碎茶及多茶类加工技术。根据生产实际需求，较为系统地叙述了名优茶、红茶加工设备，茶叶精制设备的技术特性与应用及自动化生产线的操作与维护，茶叶加工设备常见问题与故障排除，生产事故应急处置与安全生产，茶叶包装贮藏与质量标准等相关知识。本书内容翔实、技术先进，针对性强、实操性强，可供茶叶生产从业人员参考，旨在助力茶区乡村振兴。

本书在编写过程中，得到了国家茶叶产业技术体系、安徽省各级茶叶主管部门、重点龙头企业及省内外茶机公司等相关单位和人士的支持和配合，在此一并致谢。

目　录

绪论 ……………………………………………………………… 1

第一章　茶厂条件、鲜叶管理及加工机理 ………………… 4
　第一节　茶厂条件与管理要求 ……………………………… 4
　第二节　茶鲜叶处理与贮青 ………………………………… 8
　第三节　茶叶加工机理概述 ………………………………… 12

第二章　名优绿茶加工 ……………………………………… 15
　第一节　关键工艺共性技术 ………………………………… 15
　第二节　扁形绿茶 …………………………………………… 18
　第三节　尖朵形绿茶 ………………………………………… 23
　第四节　卷曲形绿茶 ………………………………………… 26
　第五节　针形绿茶 …………………………………………… 29
　第六节　条形绿茶 …………………………………………… 31
　第七节　颗粒形绿茶 ………………………………………… 34
　第八节　烘炒形绿茶 ………………………………………… 37

第三章　名优红茶加工 ……………………………………… 41
　第一节　条形红茶 …………………………………………… 41
　第二节　卷曲形红茶 ………………………………………… 44
　第三节　针形红茶 …………………………………………… 46
　第四节　花香型红茶 ………………………………………… 49

第四章 炒青绿茶、工夫红茶、红碎茶及多茶类加工 … 53
第一节 炒青绿茶和眉茶加工 ………………………… 53
第二节 工夫红茶、红碎茶加工 ……………………… 57
第三节 黄茶、白茶、青茶、黑茶加工 ……………… 65

第五章 茶叶加工设备 …………………………………… 75
第一节 名优茶加工设备 ……………………………… 75
第二节 红茶加工设备 ………………………………… 94
第三节 茶叶精制设备 ………………………………… 102
第四节 自动化生产线操作与维护 …………………… 111
第五节 茶叶加工设备常见问题与故障排除 ………… 119
第六节 事故应急处置与安全生产 …………………… 126

第六章 茶叶包装贮藏和质量标准 …………………… 129
第一节 茶叶包装 ……………………………………… 129
第二节 茶叶贮藏 ……………………………………… 132
第三节 茶叶质量标准与检验 ………………………… 136

参考文献 ……………………………………………………… 145

绪　论

茶叶作为风靡世界的三大无醇饮料之一,以其天然、营养、保健的特点备受世人青睐,被誉为21世纪的健康饮料。中国是茶树原产地,是世界上最早发现、利用并输出茶叶的国家,茶园面积、茶叶产量和种类位列世界第一。自然清新的茶香,丰富厚重的文化,千百年来承载着悠久灿烂的华夏文明。

我国传统名茶种类繁多、品质独特、工艺精湛。名优茶大都起源于手工制茶,名优茶机械化加工的技术应用,不仅减少了因人为因素的变动性而造成的品质不稳定,而且工效高、成本低、质量稳定,更有利于茶叶质量的标准化管理与清洁化控制。茶叶传统制作技艺所体现的是名茶品质的形成过程(制茶之理),机械制茶新技术所代表的是机械仿生的实现过程(机械之理),制茶之理与机械之理的高度融合,达到了茶叶传统技艺传承与现代科技创新的协调统一。名优茶机械化加工技术大都以传统制作技艺为基础,运用现代机电工程的技术手段,将人工制茶的操作技能与经验转化为机械电气系统的工艺性能,从而有力地促进了茶叶加工工艺更加规范、产品质量更加稳定、制茶成本更优控制、批量规模更有保障,大大拓展了茶叶市场的上升空间,推动了名优茶产业的高效快速发展。

一　六大茶类的划分

六大茶类的分类系统由当代茶学泰斗安徽农业大学陈椽教授提出并建立,在《茶叶分类》(GB/T 30766)中,确定了包括生产工艺、产品特性、

1

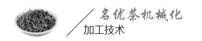
茶树品种、鲜叶原料和生产地域在内的分类原则,参照茶叶加工中多酚类的酶促氧化聚合程度(俗称"发酵"),从无到有、由浅入深将各种茶叶归纳为绿茶、白茶、黄茶、青茶、黑茶和红茶。以"发酵"程度的提法来划分,易于理解却不甚准确。绿茶加工重点是钝化多酚氧化酶活性、制止酶促氧化,俗称"不发酵"茶;红茶加工重点是促进多酚类的酶促氧化,俗称"全发酵"茶,茶多酚的保留量约50%;白茶在萎凋工序中有微弱酶促氧化,俗称"微发酵"茶;黄茶在闷黄工序中有轻微酶促氧化,俗称"轻发酵"茶;青茶(乌龙茶)在做青、晾青工序中有轻度酶促氧化(表征为绿叶红镶边),俗称"半发酵"茶;黑茶在渥堆工序中有微生物产生外源酶主导的酶促氧化和自动氧化,俗称"后发酵"茶。除了茶类适制性和人文地理差别之外,一片神奇的树叶通过不同的制茶工艺与技术,可以制成外形、品质迥异的六大茶类。

二 名优茶的概念

茶为国饮,盛世兴茶,以名优茶为代表的中国茶产业不断蓬勃发展、方兴未艾。关于名优茶的定义,众说纷纭。普遍认为除发掘历史记述的传世贡茶之外,名优茶的定义可以概括为:较为精确的采制时间和原料规格;较为优异的外形内质特征;较为精细的特定加工技艺;较高的商品价值、市场知名度及产制规模;较为独特的自然生态、地理与品种资源属性;较为深厚的人文积淀与历史传承。我国名茶大都由名山、名胜、名人烘托,良境、良种、良法交融,民风、民俗、民生相依。

安徽自古产茶,贡茶盛出。茶树种质资源十分丰富且分布广泛,生态环境得天独厚,逐渐形成了以黄山为核心区的皖南山地茶园、以大别山为核心区的皖西山地茶园及沿江和皖东南低丘茶园三大优势产区。安徽名茶荟萃、星光璀璨,譬如:黄山茶区的松萝茶、黄山毛峰、太平猴魁、祁门红茶、顶谷大方、滴水香茶、新安银毫、石墨茶、绿牡丹和安茶等;

六安茶区的六安瓜片、霍山黄芽、舒城小兰花、金寨翠眉等;安庆茶区的岳西翠兰、桐城小花、天柱剑毫、天华谷尖、宿松香芽、二祖禅茶等;宣城茶区的瑞草魁、敬亭绿雪、涌溪火青、泾县兰香、黄花云尖、金山时雨、天山真香、塔泉云雾、广德黄金芽;池州茶区的九华毛峰、东至云尖、石台香芽、贵池翠微;此外还有庐江的白云春毫和滁州的西涧春雪等。在举世公认的中国十大名茶之中,安徽名茶位有其四,分别为黄山毛峰、太平猴魁、六安瓜片和祁门红茶,令人艳羡不已。

（三）名优茶加工机械化

当前,茶叶加工基本实现机械化,正在朝着自动化、智能化方向发展。在名优茶机械化加工中,尤其是品质形成的关键工序,制茶品质与设备性能之间矛盾仍较为突出。名优茶色香味形的在线形成过程与制茶工艺之间具有很强的对应性,针对各类名优茶的加工与品质特点,从设备选型、工艺创新及品质提升等方面,实现"机理"与"茶理"、工艺与设备的紧密融合,促进名优茶特征成分和风味物质的形成、转化及稳定。名优茶加工设备正处于发展关键时期,针对名优茶加工装备的精良化、专用化需求,应不断创新各类名茶机械的仿生性能,实现加工品质调控与设备运行精准匹配、高度协同,促进名优茶加工品质差异化。本书系统地叙述了名优茶厂建设的基本条件、原料管理,名优绿茶和名优红茶及多茶类加工,茶叶加工设备及茶叶包装贮藏和质量标准等,既有名优茶加工的新技术和新装备,又有生产实践的应用经验积累,旨在不断推动名优茶加工的工艺优化与设备创新,适应茶叶产业发展与市场需求,实现机制名优茶的品质提升与品类丰富。

第一章 茶厂条件、鲜叶管理及加工机理

▶ 第一节 茶厂条件与管理要求

茶叶工厂的基本要素包括环境卫生要求、生产资源要求、茶叶原料要求、加工条件要求、茶叶产品要求、生产人员要求、质量检验要求、产品包装及标签标识要求、产品贮运要求、质量管理要求等。茶叶加工场所和生产条件应符合《食品生产通用卫生规范》(GB 14881—2013)的规定，该标准适用于包括茶叶在内的各类食品生产，规定了选址和厂区环境、厂房和车间、设施与设备、卫生管理和生产过程的食品安全控制、检验、贮存和运输、管理制度与人员、记录和文件管理等方面的食品安全要求。

一 茶厂选址与设计要求

制茶工厂应选择地势干燥、交通方便的地方，远离污染源，离开交通主干道 100 m 以上，茶厂所处的大气环境和水源要符合国家标准要求。厂区规划要根据茶叶加工技术要求合理布局，生产区域要与农业种植区域、农村生活区域相隔离。厂区应整洁、干净，无异味，道路硬化，绿化良好，排水通畅。厂房和设备布局要与工艺流程和生产规模相适应。茶厂应选建在基地茶园附近或交通运输便捷的区域，保证鲜叶原料能够及时付制，同时，还须对交通、能源、水源、环保、厂区及周围环境等因素综合

论证。茶厂设计要将加工区与办公区和生活区保持一定距离或严格区分，既要实行封闭式加工，又要便于管理、监控及加工流程的衔接。根据茶叶产能需求实际，相对独立设置与加工产品、数量相适应的贮青间、热源间、制茶车间、包装车间和半成品、成品茶仓库。厂房地面坚固、平整、光洁，墙壁为浅色，砌高1.5 m的白色瓷砖墙裙，车间照明、通风、除尘、排湿、噪声控制和门窗设置等均应符合工业建筑规范要求（图1-1）。

图1-1　名优茶厂区（谢裕大茶业 提供）

二 茶叶加工环境与卫生要求

茶叶企业厂区场所、生产车间、仓库设施、贮运工具的环境卫生条件应符合相关法律法规及标准规范的技术要求。与加工设备配套的炉灶、热风炉要与主车间相隔离或单列，并有固定的燃料堆场及清渣通道。制茶工厂应有卫生许可证，制定并明示车间卫生管理制度，茶叶加工人员应持有健康证，定期例行体检，并应通过国家SC生产许可认证。加工人员进入车间要求换穿工作装、戴工作帽、净手、换鞋；茶叶精制、包装人员要求戴一次性口罩、乳胶手套上岗。制茶车间内要设有更衣室、盥洗室、工休室，拥有相应的通风、消毒、防蝇、防鼠、污水排放、存放垃圾和废弃物的配套设施。加工车间洁净、卫生，有害微生物不滋生危害，地面平整、易清洁，墙壁光洁不起灰皮，及时清垢，不造成粉尘、杂质污染。制茶工厂要淘汰陈旧、锈蚀的茶机，采用无异味的竹、木等天然材料及食品级

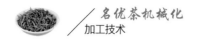

金属或非金属材料制成的机具,杜绝茶叶在制过程中产生重金属和磁性物污染。茶季前,要清除新购设备的防锈油和锈斑,加工过程保持状况良好,并及时保洁保养茶叶加工设备和器具,消除各种潜在污染源的卫生隐患。

三）茶叶加工质量管理要求

茶叶加工中要做好各项生产活动的质量记录并妥善保存,由生产部门负责相关质量记录的编制、填写、收集、保存、归档、移交、处理。质量记录要详细、准确、规范、内容完整且易于识别查询,要以标识卡的方式对茶叶原料、在制品、产成品进行标识且批次堆放,加强生产过程的质量评价、质量考核及督促管控,确保茶叶加工质量的稳定性和可追溯性。质检部门负责监督、检查加工质量管理与控制的实施,制定相对完整的茶叶产品检验规程并配置检测设备,确定自检或委托检验项目。建立、完善保证茶叶加工全程质量管控的文件化制度、质量控制计划、检验制度、物料管理制度等管理制度。加工企业应制定质量管理手册并实施质量控制措施,关键工艺要有作业指导书,并记录执行情况。茶叶采购、加工、储存、运输、出入库和销售的记录要求完整,每批次加工产品要编制加工批号或序号,并一直沿用到产品销售终端。出厂检验应实施逐步检验制度,检验原始记录保存应不少于两年。

四）茶叶加工岗位人员要求

在茶叶企业中,因各类人员工作岗位不同,所承担的工作责任不同,基本要求也有所不同。茶叶加工管理负责人应具有相应的工艺及生产技术与卫生知识;质量管理人员应具有发现、鉴别各茶叶加工环节、产品中不良状况发生的能力。茶叶质检人员应按照国家规定要求取得评茶员等相关职业资格。茶叶企业应具备足够数量的质量管理及检验人员,以满足整个加工过程的现场质量管理和产品检验的要求。茶叶加工操作人员应有健康证明并经培训后上岗,遵守相关清洁和着装卫生操作程序,具备熟练的加工操作技能和较强的安全生产意识。此外,茶叶连续化加工生产线自动化程度更高,操作人员较少,不同于单机操作,技术难度较大。因此,生产线操作人员还应具备熟练的自动设备操控能力及在线品控能力,系统接受上岗培训,每个年度均应安排日常操作与应急能力考核测试。

（五）茶叶加工产能管理要求

根据所制的茶叶种类、工艺和生产规模等特点,选配机械性能、制茶性能和经济性能优良的设备机型,合理设计茶叶加工产能和配置茶机数量。茶叶机械运行要平稳、轻巧,无卡顿现象,噪音低、振动小、没有异声,结构合理,部件坚固,操作方便,能耗低,安全性好。茶叶机械台时产量要与生产规模相适应,避免出现小生产量配大产能或大生产量配小产能的现象,要做到整个加工过程中各工序机器之间的生产能力平衡并得到充分利用。制茶工厂产能设置取决于生产规模和茶机的生产能力,茶机生产能力和配备计算方法有茶机日产量、台时产量两种。茶机日产量是指各种茶机每天工作20 h的产出量。按照日产量配备茶机台数的公式为茶机台数=最高日产量÷1台机器日产量,并按各道工序茶机日产量分别计算所需的茶机台数,最高日产量一般以春茶洪峰期平均日产量来计算。茶机台时产量要根据厂方理论数值、茶类特点和生产经验综合判断。按照台时产量配备茶机台数的公式为茶机台数=某工序日最高在制品产量÷（茶机台时产量×每日作业时间）。加工过程中鲜叶嫩度和含水率等因素会影响设备生产效率,应根据实际情况,管理、调控茶叶加工的"洪峰",均衡生产。

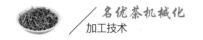
▶ 第二节　茶鲜叶处理与贮青

茶鲜叶采摘后,应做到及时收青、及时进厂和及时处理茶青,按照所制茶类的原料需求进行鲜叶管理,以保证茶鲜叶的质量要求和规范化加工。

一　茶树芽叶的基本特性

1. 茶树芽叶的生物学特性

茶树的芽是茎、枝、叶、花、果的原始体,按形成季节分为春芽、夏芽、秋芽,叶芽展开后形成的枝叶称为新梢,茶树绿叶冠层有立体、弧形之分。茶树的休眠芽多在秋冬季孕育,又称越冬芽,早春萌发后,外有3~5枚富有蜡质的鳞片和1枚鱼叶包围。芽的大小、形状、色泽及着生茸毛的多少与茶树品种、生长环境、栽培水平有关,新梢上的嫩芽在加工干燥之后自然形成茶毫。春季的芽叶自越冬芽萌发而来,当然御寒的茸毛富集较多,新梢加工后茶毫显露,夏秋茶的芽叶伸育无御寒之忧,当然茶毫不显。茸毛主要着生于幼嫩芽叶的下表皮,内含丰富的茶氨酸,可以提高茶汤的鲜爽度。茸毛基部有分泌芳香物质的腺细胞,因此幼嫩芽叶茸毛多,制成干茶有毫香。茶毫色泽与制茶中内含物质的变化有很大关系,绿茶和白茶加工中,因茶多酚未被或较少氧化,茶毫呈浅白色;红茶中茶多酚被氧化成茶黄素、茶红素等,茶毫呈金黄色。

2. 茶鲜叶的质量特性

茶鲜叶质量包括鲜叶嫩度、匀净度和新鲜度。嫩度是指芽叶伸育的成熟程度,各类茶叶都有独特的品质特征,对原料嫩度要求也不相同。具有一定成熟度的茶鲜叶才有良好的品质效应,新梢不同部位叶片的主要化学成分含量有所不同,随着新梢伸育进程,叶片内非酯型儿茶素、醚浸出物、类胡萝卜素含量渐趋增加。茶鲜叶离体后,内含物质存在着一系列转化,酶的催化作用也逐渐加强。鲜叶物料学特性包括物理、电学、光学、力学特性等,茶鲜叶属于塑性材料,具有一定的抗拉强度和良好的弹性。大叶种茶鲜叶易变形、柔软性较好,中小叶种鲜叶难变形、相对较硬。在茶叶加工中,基于茶鲜叶力学特性的差异,制定不同的制茶工艺,更有利于名优茶的提质、造型。

二 茶鲜叶验收要求

盛装鲜叶的器具应采用清洁、通透性能良好的竹篮或篓筐,盛装数量以不影响鲜叶品质为宜,不使用布袋、塑料袋或塑编袋等软包装。鲜叶验收要求所采摘的芽叶新鲜,色泽鲜绿,质地匀净,朵形完整。采摘后及时送达制茶工厂,由专门人员进行收青、运青,定时定量,随采随运,保持鲜叶新鲜、干净。装运时要轻装、轻翻、轻倒,减少机械损伤,切忌因紧压、日晒、雨淋和温度太高而变质。按鲜度、净度、匀度、嫩度标准要求,严格验收。验收后,按不同等级分开摊晾,并保持鲜叶贮青间的清洁与通风。

三 雨水叶处理

茶叶加工季节气温较高,雨水叶处理非常重要,否则不当堆沤后,微生物大量滋生会产生较多的异味物质,茶叶品质变差。雨水叶处理可采用离心式脱水机,去除鲜叶表面水,并置于通风场所使用竹帘、水筛薄摊,或采用专用的摊叶槽和摊青机,散失饱和的鲜叶内含水分,降低茶鲜叶的细胞液泡含水率及细胞壁的脆硬性,并适当轻翻、及时付制。通过脱水和失水处理,可显著改善阴雨天的茶叶外观色泽及内质,有效避免干茶色泽枯暗及水闷味的品质缺陷。

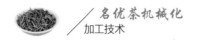

四 摊青处理

茶鲜叶摊放是一个复杂的化学变化过程,是环境条件(温度、湿度等)对各种化学反应和鲜叶呼吸作用引起的综合效应。鲜叶摊青中酶系反应方向趋向于水解,酶系活力增强,淀粉、多糖、蛋白质和果胶类等物质水解生成可溶性糖和氨基酸等小分子游离态物质,有利于提高茶汤滋味和香气品质。茶鲜叶在15℃以下酶促作用基本停止,温度越低,化学反应速度越慢,环境温度在15~20℃,水解酶的活化提升较弱,当温度为20~22℃、相对湿度低于75%时,酶促反应条件达到理想值。在鲜叶处理的实践中,应根据加工原料、环境、设备设施及付制品类的差异,做适当的调整优化。

1.自然摊青

摊青场所要求清洁卫生、阴凉、空气流通、不受阳光直射。茶鲜叶在摊放过程中,要保持一定的新鲜度,减轻芳香物质发生不良转化和有机物质大量分解,促进干茶具有鲜醇的味和清纯的香。按照技术要求自然摊放鲜叶,茶鲜叶的新鲜度较好,制成干茶滋味鲜纯;反之,如果鲜叶堆积、叶温升高,供氧不充分,鲜叶无氧呼吸产生醇、酸,导致茶汤出现劣味。茶鲜叶采摘后仍具有一系列的呼吸作用、内含物质分解、释放热量、蒸发水分等异化代谢生理活动,以维持离体鲜叶正常的生理活动,摊青中及时散发鲜叶释放的热量,对保持鲜叶的新鲜度有重要作用。因此,茶原料经过6~10 h摊青,能够显著促进酶促水解作用及内含物转化。自然摊青以通风清凉处为宜,茶厂要配设专用的摊青场所,使用竹盘或竹帘薄摊5~10 cm,切勿堆积,适时均匀轻翻,及时加工,避免鲜叶出现红变、枯萎。

2.设施化摊青

摊青设施对制茶质量影响较大,既要通风,又要密闭。摊青初时,要打开门窗通风,以利于散发水分,在摊青中后期要关闭或半闭门窗,减少空气的流动性,以利于茶鲜叶内含物质的酶促水解作用,防止青叶失水过快、过多。摊青房的温度应控制在23℃以下,相对湿度在65%~75%为宜,并可配置空调机、风机、除湿机、排气扇,以调控摊青室内的温度、湿度和空气流通。设施化摊青大都选配带万向轮、可折叠的挪动式晾青架,一般有12~14层,每面竹盘筛直径约100 cm,可摊放茶鲜叶1.5~2.0 kg,每套晾青架可摊青约20 kg。可按140~160 W/m²制冷量选配空调机,即20 m²的摊青房宜配置3 kW的空调机,设置排气扇,适当通风,并配装除湿机,以降低空气相对湿度,调控鲜叶失水速率。鲜叶进入摊青房后,要快速降低叶温,减缓茶鲜叶的物理、化学变化速率。当气温低于25℃,相对湿度低于75%时无须开启空调,进行自然摊青。当气温超过25℃时,空调机应开启"制冷"和"除湿"功能,温度设置在20~22℃为宜。室内相对湿度高于75%时,应开启除湿机。空调器安装位置会明显影响温湿度分布的均匀性和空气质量,宜将空调器靠近地面安装,换气扇安装在摊青间上方形成下送上排的气流运动。茶鲜叶在摊青过程中失水程度要控制在10.0%左右。

3.机械摊青

使用贮青机摊放茶鲜叶,有利于茶鲜叶的缓慢失水保鲜和理化品质的物质储备,改善鲜叶摊放工序的卫生条件。根据茶叶加工时的实际需要,延长鲜叶的摊放时间,对茶鲜叶进行适度摊放,可促进茶叶香气、滋味的形成与转化。目前,已研制投产的鲜叶摊放贮青机,既有网带式又有翻板式,分单层和多层等多种机型,具有控温、控湿、控时及自动进料、出料的功能,有效降低了操作人员的劳动强度,减少了鲜叶摊放的占地面积,实现了茶叶动态输送摊青,解决了静态摊青不均匀的问题。与传统贮青方式相比,具有贮青量大、节省空间、贮青条件可控、品质优、便于连续化与自动化流水线生产等优点。单层贮青机堆叶厚度为30~50 cm;

多层摊青机摊叶厚度为10~15 cm,通风的风力范围(以每层后端纵向平均计)风量为30~40 m³/min、风速为0.2~0.3 m/s。机械摊青的鲜叶温度一般控制在20~22℃,相对湿度控制在65%左右,摊青时间为5~10 h。摊青程度:叶质较软,嫩梗可折断,青气减退,适度叶含水率为68%~70%(图1-2)。

图1-2 摊青机组(谢裕大茶业 提供)

▶ 第三节 茶叶加工机理概述

茶鲜叶中的水分含量为75%~80%、干物质含量为22%~25%,干物质中无机化合物的含量为3.5%~7%,其中,水溶性物质含量为2%~3.5%、水不溶性物质含量为1.5%~3.5%;干物质中有机化合物的含量为93%~96.5%,其中,蛋白质含量为15%~25%(谷蛋白、白蛋白等),氨基酸含量为2%~5%(茶氨酸约占60%,谷氨酸等有26种),生物碱含量为3%~5%(咖啡因、茶叶碱等),茶多酚含量为20%~30%(儿茶素约占70%,花青素、酚酸等),糖类含量为20%~25%(纤维素、果胶等),有机酸含量约为3%,类脂含量约为8%,叶绿素等色素类含量约为1%,维生素类含量为0.6%~1.0%,以及微量的芳香物质、茶皂素等内含物质。这些化学成分在茶叶加工中一部分保留,一部分发生一系列化学反应,最终构成了茶叶的品质成分。

一 绿茶加工机理与品质形成

摊青中鲜叶的呼吸作用仍在进行,部分蛋白质和多糖水解,游离氨基酸增加,提高了茶叶滋味的鲜爽度。淀粉、果胶水解成可溶性糖和水溶性果胶;多酚类中的酯型儿茶素适量水解转变成非酯型儿茶素,使苦涩味降低;叶绿素部分水解,使绿茶的叶底呈现嫩绿。绿茶加工中的酶热变性在工艺上称为"杀青"。杀青初期,随着温度上升,多酚氧化酶活性仍在逐渐增强,当叶温在75℃以上热变性失活。杀青过程不仅促使低沸点的青草气成分挥发,使高沸点芳香物显现,而且在热作用下,既有酶促反应,还有热裂解和酯化作用,使芳香物质从含量到种类都显著增加。

在干燥阶段,高沸点的芳香成分多数保留,挥发性的羰基化合物大量形成;并产生了20多种含氮杂环化合物(吡嗪类、吡咯类),形成了绿茶的特有香型。茶叶中的氨基酸和还原糖类等内含物质,在热作用下产生非酶褐变反应,主要有美拉德(Maillard)反应、焦糖化反应、维生素C氧化褐变反应、叶绿素脱镁转化反应等,均与绿茶品质的形成密切相关。绿茶加工中多酚类的氧化聚合,虽因多酚氧化酶的基本失活而少有酶性氧化,但在热和残留酶的作用下,多酚类物质能发生异构、水解和部分氧化聚合等化学反应,使组成发生变化,总量有所减少,使得绿茶滋味苦、涩、鲜、甜四大要素的组分构成与品质表现更趋协调。

二 红茶加工机理与品质形成

红茶加工中关键作用是氧化还原酶类和水解酶类的两大酶促反应,以糖苷存在的键合态香气化合物前体及其水解酶β-葡萄糖苷酶,以及与C6-醛、醇等生成有关的亚麻酸、脂肪氧合酶及醇脱氢酶等对红茶香气的生成至关重要。以儿茶素为主体的多酚类物质因受多酚氧化酶(PPO)及过氧化物酶(POD)催化,生成水溶性氧化产物茶黄素(TF)、茶红素(TR)

和茶褐素(TB)。红茶多酚类保留量为45%~55%,以酯型儿茶素、花青素为主,是茶汤浓强度的主体成分,只有适度发酵,多酚类保留适当且与其他水溶性物质相协调,使茶汤鲜醇而不苦涩,浓强度和收敛性较高。茶黄素是红茶汤色"亮"度、滋味强度和鲜度及形成茶汤"金圈"的主要成分,茶红素是汤色"红"度及滋味浓度的重要成分。

"冷后浑"主要由咖啡因与多酚类没食子基小时键缔合(TF为主)的结果。在近100℃高温时,各自呈游离状态、溶于热水,但随温度降低,通过羟基和酮基间的小时键形成络合物。茶汤由清转浑,表现出胶体特性,产生凝聚作用,常有乳状物析出、呈黄浆色浑浊,"冷后浑"影响红茶的鲜爽度和浓强度。"冷后浑"是高档红茶的标识,"冷后浑"的主要成分是TF、TR和咖啡因,其比例约为17:66:17。红茶加工中酶性反应、儿茶素邻醌偶联氧化及热作用等条件,都能引起或促进芳香物质的产生,主体反应有氧化、还原、酯化、环化、异构化、脱氨和脱羧作用等。在干燥热作用下,氨基酸可与糖类物质发生美拉德(Maillard)反应,并经斯却克尔(Strecker)反应降解生成醛类、吡嗪类、吡咯类香气物质。

第二章　名优绿茶加工

绿茶加工基本工艺为摊青、杀青、揉捻(做形)、干燥、精选等。名优绿茶分为炒青、烘青、蒸青、窨花、紧压等类型。茶叶在做形干燥过程中受到不同的机械力作用,塑造了不同种类的外形独特、品质优异且有艺术特点的名优绿茶,主要包括扁形绿茶、尖朵形绿茶、针形绿茶、条形绿茶、卷曲形绿茶、颗粒形绿茶、烘炒型绿茶等品类。炒青型名优绿茶以炒干方式进行干燥成型,成品茶特点为条索紧结、紧实,滋味浓醇,以嫩栗香为主,如龙井茶、大方茶、松萝茶、香茶等。烘青型名优绿茶以烘干方式进行干燥成型,成品茶特点为干茶色泽翠绿、外形自然舒展,滋味鲜醇,以清香为主,如黄山毛峰、泾县兰香、舒城小兰花、岳西翠兰等。烘炒型名优绿茶兼用炒干与烘干两种方式,成品茶特点为干茶外形秀美、色泽翠绿,香高味醇,如碧螺春、恩施玉露、毛尖茶等。

▶ 第一节　关键工艺共性技术

一　机械杀青

茶鲜叶杀青前,要进行摊青处理。杀青是绿茶加工中形成"绿叶绿汤"的最重要环节。通过杀青来钝化鲜叶中多酚氧化酶活性,制止多酚类物质酶促氧化,并随着叶内水分的散失,使叶质变软,为揉捻(做形)创造条件。杀青机具的供热、控温要与作业中鲜叶运动、受热相协调,温度先高后低,避免杀青中温度低而红变和杀青后期温度高而黄变、焦边。杀青伊始,快速、均匀升高叶温至80℃以上,要求翻叶快、匀,抛抖一定幅度以散发水汽,减轻湿热水汽积聚,撒落均匀不堆积,增大杀青叶与机具的接触面积,力求避免在杀青后期原料叶黏附机具而造成焦叶。名优绿茶加工中根据做形工艺需求恰当掌握杀青程度,杀青时间一般控制在2.5~4 min。杀青投叶量、耗时、台时产量的控制要取决于杀青机具的工艺性能、供热及鲜叶原料嫩度等因素;杀青叶要及时充分散热、薄摊,切勿堆积。

杀青程度为芽叶失去光泽,叶色暗绿、叶质柔软略有黏性,嫩梗折而不断,用手紧握杀青叶能成团,松手不易散开,略有刺手感、带有黏性,青气散失,显露清香。至在制叶减重率45%~50%、茶坯含水率50%~60%为适度。当前,机械杀青主推的以电力、燃气为热源的滚筒杀青机、热风杀青机、汽热杀青机等设备,均能实现抛得高、炒得快、捞得净、撒得开的高温透杀效果。近年来,炒手、锅体的改进使锅式杀青机研制取得较大突破,因此,太平猴魁、六安瓜片的机械杀青新技术应用将达到新的高度。

二 机械揉捻(做形)

揉捻(做形)是形成绿茶外形的主要工序。揉捻能揉成紧结的外形,促使叶细胞破损,使茶汁外溢、成条塑形,增进茶汤的浓度;揉捻加压程度为轻、重、轻,揉捻时间和程度取决于原料叶老嫩和茶叶加工实际需求。名优茶做形过程中,要掌握原料叶的含水率、失水速度、机具供热和做形作业之间的相互关系,既要避免机具温度高、失水过快而导致来不及成形,又要防止温度低、失水过慢而不能及时固形。因此,原料叶的传热受热、失水速度和机具供热,要与做形机械力的作业进程紧密协同。做形叶含水率在30%~45%时,即不粘手、手捏成团且松手即散,在制叶柔软性和可塑性最佳,最易成形。

做形程度:若出叶过早,叶身会较软,在后续干燥中会导致茶叶变形和外形难以固定;出叶若过迟,易断碎、损失芽毫及影响成品茶色泽。一般而言,做形复杂的茶叶以七八成干(含水率为15%~20%)出叶为宜,做形较简化的茶叶达到六七成干(含水率为20%~25%)即可。做形工序是名茶成形、成味、成香、成色的关键环节。现今推广的揉捻机能实现茶汁外溢而使茶叶卷曲成条;理条机能实现茶叶理顺理直的紧直成型;曲毫机能实现热做形的卷曲成螺;扁炒机能达到杀青、理条、压扁的青锅和辉锅功能;精揉机能满足针形名茶的紧圆做形需求;滚炒机能达到连续炒制、热做形均匀的工艺要求。

三 机械干燥

干燥是茶叶外形色泽固定、焙香固香固味的关键环节,有烘干、炒干、烘炒等方式,旨在蒸发芽叶水分,彻底破坏叶内残余酶的活性,形成名优茶的特征品质和进一步紧结茶条。茶叶干燥作业中,对温度(供热)、湿度(排湿)、速度(耗时)、厚度(摊叶)等技术要求较高,初烘时若排湿不畅、摊叶过厚易造成"湿黄";足烘时若温度过高易导致"干黄"或"高火";干燥速度过快易形成"急火"或"黄变"。

烘青类名茶干燥:初烘叶温度为80~90℃,排湿通畅,摊叶较薄,烘干速度稍快;复烘叶温度为70~80℃;足烘叶温度为60~70℃,摊叶略厚,慢烘细焙以促进香气形成。炒青类名茶干燥、炒干的同时,兼有整形、提香、润色、去毫等功能,需要灵活掌握干燥中的火候、耗时、力度及相关机具调控,以达到良好的干燥效果。至茶叶含水率为5%~6%,手捻茶条成粉末为干燥适度。现今推广的干燥设备主要有动态干燥机、微波干燥机、抽屉式烘焙机、斗式烘焙机、箱式烘焙机、手拉百叶式烘干机、网带连续式烘干机和自动链板式烘干机等机型,能够满足茶叶脱水、缓苏、烘干、焙香的干燥需求。当前,名优茶加工大都全程实现了机械化、连续化及自动化,加工品质稳定、优良,完全能满足大规模、大批量、工业化的生

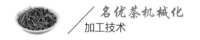

产需求。

（四）精制

绿茶精制的目的是整理外形、分离老嫩、划分级别、剔除次杂、调剂品质等。名优茶的精选作业以不造成芽叶断碎、不形成二次污染为原则，不宜机械筛分的茶叶，可选用手筛作业，筛分易断碎的茶叶，可采用以风选代替筛分，促进成品茶外形更加规格、匀净。

▶ 第二节　扁形绿茶

炒青类扁形绿茶基本工艺流程：摊青、杀青、做形（青锅）、辉干（辉锅）。烘青类扁形绿茶基本工艺流程：摊青、杀青、做形（理条）、初烘、足烘。

一　扁炒形绿茶

扁炒形绿茶机械化加工工艺流程：摊青、机械青锅、摊凉、机械二青（固形）、回潮、二青叶分筛、机械辉锅、干茶精选、成品茶。代表性名茶有龙井茶、大方茶（图2-1）、旗枪茶等，成品茶的外形特点为茶条紧结、光扁平直。

图2-1　大方茶（云谷茶业 提供）

1.鲜叶摊青

鲜叶进厂要分级验收、分别摊放，晴天叶与雨（露）水叶分开，上午采的叶与下午采的叶分开，不同品种、不同嫩度的芽叶分开。应在摊叶器具上进行,以室内自然摊青为主,可通过适当控制通风,关闭或开放门窗来调节茶鲜叶的失水。雨水叶可使用鲜叶脱水机去除表面的水后再行摊放,并可用鼓风方式缩短摊放时间。有条件的可在空调室内或使用专用摊青设备进行摊放,根据鲜叶数量和加工能力来调节摊青进程。摊放厚度视天气、鲜叶老嫩而定。二级及以上鲜叶原料摊放1 kg/m²左右,摊叶厚度控制在3 cm以内;三级、四级鲜叶原料一般控制在4~5 cm。摊放时间视天气和原料而定,一般为6~12 h;晴天、干燥天气摊青时间可短一些,阴雨天应相对长一些。高档叶摊放时间应长一些,中档叶摊放时间应短些,掌握"嫩叶长摊,中档叶短摊或少摊"的原则。鲜叶摊放过程中高档叶尽量少翻,以免造成机械损伤;中档叶轻翻1~2次,促使鲜叶水分散发均匀和摊放程度一致。摊青程度以叶面开始萎缩,叶质由硬变软,叶色由鲜绿转暗绿,清香显露,含水率降至(70±2)%为适度。

2.机械青锅

青锅作业大都采用单锅型长板式扁形茶炒制机,具有自动上叶、加压、调控温度、出叶且有学习记忆功能,青锅温度在260~220℃为宜(设备温度仪显示温度,下同),原料特级、一级和二级应在240~220℃、三级和四级应在260~240℃。摊青叶投入锅中有"噼啪"爆声,锅温从高到低。青锅投叶量特级每锅在100~150 g,一级和二级在150~200 g,三级和四级在250~300 g。同类青锅叶每锅投叶量要保持稳定一致。开启设备将炒板转至上方后加温,当实际锅温升至设定温度时,加入少量炒茶专用油脂,开启炒板转动按钮,炒板转动后均匀投入茶叶;当芽叶开始萎瘪、变软,色泽变暗时,开始逐步加压,根据茶叶失水的程度,一般每隔半分钟加压1次,加压程度主要看炒板,以能带起茶叶又不致使茶叶结块为宜,不得一次性加重压。锅温应先高后低并视茶叶干度及时调整,温度一般分3个阶段:第一阶段锅温从摊青叶入锅到茶叶萎软,一般在1~

1.5 min;第二阶段是茶叶成形初级阶段,温度比第一阶段低 20~30℃,时间一般在 1.5~2 min,到茶叶基本成条、相互不粘手止;第三阶段温度一般在200℃左右,此时是做扁的重要时段,一般恒温炒,为提高扁平度,在杀青 2~3 min 即第三阶段时,增加"磨"的动作。当芽叶初具扁平、挺直、软润、色绿一致,茶叶含水率降至35%左右,即可自动出叶下锅。青锅全程时间为 4~6 min。

3.摊凉回潮

青锅叶出锅后要及时摊凉,尽快降温和散发水汽。青锅叶摊凉后,适当并堆,使芽、茎、叶各部位的水分重新分布均匀回软,摊凉回潮时间在30~60 min 为宜。

4.机械二青

二青做形大都采用长板式扁形茶炒制机,二青锅温应在180~150℃为宜(机械温度计显示温度),特级原料、一级和二级在160~150℃、三级和四级在 180~160℃,锅温要从高到低。二青投叶量特级每锅100~150 g,一级和二级每锅150~200 g,三级和四级每锅250~300 g。同类原料每锅投叶量应保持稳定一致。当实际锅温升至设定温度时,开启炒板转动按钮,均匀投入青锅回潮叶,炒板翻炒茶叶,当芽叶受热变软,开始逐步加压,根据茶叶的干燥程度,一般每隔半分钟加压一次,加压程度主要看炒板,以能带起茶叶又不致使茶叶结块为宜,不得一次性加重压。锅温应先高后低并视茶叶干度及时调整,温度一般分为两个阶段:第一阶段锅温从青锅回潮叶入锅到茶叶柔软,一般在1~1.5 min;第二阶段是茶叶固形阶段,温度比第一阶段低10~15℃,时间一般在2.5~3.5 min到茶叶基本成形。这一阶段是"扁平、挺直"固形的重要时段,恒温炒,动作以"压、磨"为主。待茶叶炒至扁平挺直成形、色绿一致,含水率在15%~20%,即可自动出叶下锅,机械二青全程时间为3~5 min。茶叶炒制结束放松炒板,再行关机、切断机器电源。

5.摊凉回潮筛分

二青锅叶出锅后要及时摊凉,尽快降温和散发水汽,使芽、茎、叶的水分重新分布均匀回软。摊凉回潮时间以30~60 min为宜。用不同孔径的竹筛将回潮后的青锅叶分成2~3档,簸去片末。高档叶可以不分筛,筛面叶解散搭叶,筛底叶簸去片末,筛面、中筛、筛底叶分别辉锅。

6.机械辉锅

大都采用60型六角滚筒辉干机,辉锅温度在130~110℃(机显温度),筒壁温度在80~90℃。辉锅投叶量二青回潮叶3~5 kg,一般高档茶掌握在3~4 kg,中档茶掌握在4~5 kg。将筒体清理干净,打开加热开关,启动筒体转动开关,加热到设定的温度(一般需要约10 min)。投入茶叶后,在35~40 r/min转速下炒制4~5 min,至茶叶受热回软,打开热风开关排出湿热气。定期检查筒体内在制茶叶的干度与形状,以茶叶不出现碎末、达到外形扁平光滑挺直、茶叶含水率在6.5%以内为宜。机械辉锅全程时间为15~20 min。炒制成的干茶经摊凉,选用不同孔径的竹筛,分出2~3档,即筛面茶(头子),中筛茶、筛底茶(底子)。

二 扁烘形绿茶

扁烘形绿茶机械化加工工艺流程:摊青、杀青、二青理条、摊凉、三青做形(压扁)、回潮、毛烘、回潮、足烘。代表性名茶有敬亭绿雪、瑞草魁、天柱剑毫、天山真香、白云春毫、天华谷尖、石台香芽、贵池翠微、雾里青等,外形特点挺直略扁、色泽翠绿(图2-2)。

图2-2　敬亭绿雪特级(皖垦集团 提供)

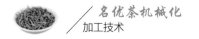

1. 杀青

鲜叶经适当摊青后,大都采用50型及以上滚筒连续杀青机进行杀青作业,能源以电热、天然气或液化石油气为佳。机显温度260℃以上的,杀青耗时2~3.5 min。投叶量大、鲜叶含水率高,杀青温度宜高、时间可长;投叶量少、鲜叶含水率低,则杀青温度宜低、时间可短。当叶色暗绿、叶质柔软、叶缘稍有刺手感时为适度,杀青叶应及时吹凉透气。

2. 摊凉

采用室内自然摊凉或风扇吹风冷却,在竹制容器或链板式摊凉回潮机上摊叶,摊叶厚度为3~5 cm,回潮时间为30~60 min;以茶叶回软、手握茶叶成团不刺手为适度。

3. 二青理条

采取理条做形将杀青叶理成直条状,是加工扁烘形绿茶的关键工艺。大都采用多槽式往复理条机或阶梯式多槽理条机做形,前者理条效果较好,后者可实现连续作业、适宜生产线联装。多槽式往复理条机是茶叶生产中应用最广泛的一种机型,多槽炒叶锅有"U"形和斜形两种锅形。茶叶在槽锅中受到摩擦、挤压和滚动的作用而变成直条形,斜形锅底面接触运动的长度较"U"形锅长,从而对茶叶的理条作用略强。多槽往复理条机进行二青作业时,机显温度为150~120℃,机械槽锅的每条小槽投叶量为60~80 g,理条时间为15.0~20.0 min,将茶叶基本理直,待茶叶略干不粘时,至茶叶含水率30%~35%下机。

4. 三青做形(压扁)

二青理条叶摊凉回潮30 min后,大都采用多槽往复理条机和砂芯软质滚压棒进行压扁做形。往复理条机槽锅的温度为100~80℃,每条小槽投叶50~60 g,作业5~10 min后,将茶叶理直,再向每个小槽内投入1根压棒,由于压棒在槽锅内的不断往复滚动,先轻后重,逐渐将茶条压扁,并使茶条不断失水,从而完成茶叶的压扁成形。当使用压棒加压时,为保证压棒在锅内"只浪不抛",往往利用变速机构适当降低槽锅的往复频率,以促进成形、减少碎茶。一般要求达到茶叶外形平直、微扁或较扁,烘至茶坯含水率为15%~18%时下机。

5.毛烘

三青叶摊凉回潮30 min后,宜采用10层以上箱式烘焙提香机或单层、多层6CHM5型~10型热风连续烘干机进行毛火烘干,机显温度为90~100 ℃,摊叶厚度为2~3 cm,烘至茶坯含水率为10%~12%。

6.回潮

将毛火叶及时散热、薄摊于摊凉平台上,冷却至室温后,堆放在专用回潮设施设备内进行回潮处理,用时约60 min。

7.足烘

宜采用摊叶面积8 m²以上的箱式烘焙提香机或低风速热风烘干机进行足火烘干,机显风温为80~90℃,摊叶厚度为3~5 cm,烘至茶叶含水率≤5%,手碾成碎末为适度。

▶ 第三节　尖朵形绿茶

尖朵形绿茶代表性名茶有舒城小兰花、桐城小花、黄花云尖、东至云尖、岳西翠兰、泾县兰香等;外形特点:紧直成朵、色泽翠绿(图2-3至图2-8)。

图2-3　舒城小兰花特级(舒城茶协 提供)　　图2-4　桐城小花特级(桐城茶办 提供)

图2-5 黄花云尖(宁国茶协 提供)

图2-6 东至云尖(天鹅茶业 提供)

图2-7 岳西翠兰(岳西茶办 提供)

图2-8 泾县兰香(泾县茶协 提供)

一 机械化加工工艺流程

摊青、杀青、初理条、摊凉、复理条、回潮、毛烘、回潮、足烘。

二 关键工艺技术

1.杀青

摊青叶大都采用6CS 50型~80型滚筒连续杀青机或滚筒热风耦合杀青机进行杀青作业,筒体投料端内壁温度在240~260℃,辅助热风温度为100~110℃,60型投叶量为60~70 kg/h,80型投叶量为150~200 kg/h,杀青时间为 2.5~3.5 min,杀青程度:杀透杀匀,青草气散失,手捏不粘、折梗不断,有刺手感,茶香显露,烘至茶坯含水率为 50%~55% 时下机。

2. 初理条

杀青叶摊凉 30 min 后,采用多槽式往复理条机或阶梯式多槽理条机进行初步理条。机显温度 150~120℃,往复理条机每条小槽投叶量为 60~100 g,理条用时 15~20 min,将茶叶基本理直,待茶坯略干不粘,烘至茶坯含水率为 30%~35% 时下机。

3. 复理条

初理条叶摊凉回潮 30 min 后,采用多槽式往复理条机或阶梯式多槽理条机(可选配二台联装)进行第二次理条做形。机显温度为 130~100℃,往复理条机每条小槽投叶量为 60~80 g,复理条用时 15~20 min,将茶叶条形理直定形,折条可断、略有黏结,烘至茶坯含水率为 15%~20% 时下机。

4. 毛烘

使用单层或多层热风烘干机等常规烘干机械,一般不用静态箱式烘焙提香机。毛烘烘干温度为 90~80℃,薄薄摊放一层茶叶,基本不重叠;耗时 6~10 min,调节好自动连续烘干机的速度和时间,烘至茶叶含水率为 10%~12% 时下机,并可安装茶叶传输、提升设备,将上述工序连接成一条流水线,实现自动化流水作业。

5. 回潮

茶叶摊凉回潮 1~2 h,摊叶厚度约为 5 cm。

6. 足烘

烘干机具与毛烘基本相同,但热风的风速、风量要相应降低,中小型茶厂可选用箱式烘焙提香机。热风烘干机摊叶量为初烘的 4~5 倍,摊叶的厚度为 3~5 cm。足烘温度为 80~60℃,先高后低,足烘时间为 15~30 min,使用自动连续烘干机要注意调控速度和时间,保证茶叶品质和含

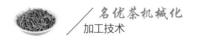
水率的技术要求。使用提香机时应注意排湿透气,10~15 min 翻烘 1 次,不可持续闷烘;足烘时间为 30~50 min。烘至茶叶手捻成粉,茶叶含水率为5%时下机装桶装箱,冷却至室温后封盖。

▶ 第四节　卷曲形绿茶

卷曲形绿茶代表性名茶有碧螺春、涌溪火青、蒙顶甘露等,外形特点:卷曲如螺、盘花状(图2-9)。

图2-9　涌溪火青(泾县茶协 提供)

一 机械化加工工艺流程

摊青、杀青、揉捻、初烘、曲毫做形、回潮、毛烘、回潮、足烘。鲜叶处理、杀青设备选型类同于尖朵形绿茶,揉捻选用6CRM30型、35型等揉捻机,做形选配6CC Q50型双锅曲毫炒干机,干燥工序除常规名优茶烘干设备外,还可选用6CHP系列2斗式、3斗式、5斗式烘焙机等。

二 关键工艺技术

1. 摊青

可采用摊青槽或摊青机摊放鲜叶,摊叶厚度为5~15 cm,间隔1~2 h鼓风0.5 h,摊青时间为6.0~12.0 h,中间翻叶2~3次。以鲜叶发出清香、叶质渐软,烘至含水率在70%左右为适度。

2. 杀青

采用6CS 50型~80型滚筒连续杀青机进行杀青。开机空转预热15~30 min,杀青温度为260~280℃,筒口温度在190~200℃时投叶。投叶量要求投叶均匀、适量,50型滚筒杀青机台时产量为50~60 kg/h;80型滚筒杀青机台时产量为180~200 kg/h。杀青耗时2~3 min。杀青程度为杀青叶折梗不断,叶缘微卷,清香显露,至茶坯含水率在52%~55%为宜。在杀青过程中,可使用余热利用系统吹鼓热风增热且辅助排湿。

3. 摊凉

使用茶叶冷却输送带或风扇吹送冷风,迅速降低叶温,并且风选去除焦叶、黄片、碎末及杂质。冷却至室温后,摊凉回潮历时40~60 min。以促进茶梗与叶片中的水分重新分布,茶叶回软,至手握茶叶成团、不刺手为宜。

4. 揉捻

杀青叶经摊凉回潮后进行揉捻。选用6CR30型、35型及以上揉捻机,投叶量根据揉捻机机型而定,以在制品轻压装满揉桶为宜。揉捻时间根据原料嫩度不同控制在15~25 min,压力掌握以"先轻后重、逐步加压、轻重交替、最后松压"的方式进行。出叶前不加压揉捻3~5 min,揉至以茶条紧卷、成条率在85%以上为适度。揉捻后视茶坯成团情况,不用或慎用解块机进行解块,防止损伤茶条锋苗。

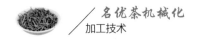
5. 初烘

揉捻叶采用滚筒动态烘干机或单层、多层热风烘干机进行初烘,热风温度为100~110℃,投叶厚度为2~3 cm,耗用时间在6~8 min。初烘应达到"高温、快速、薄摊、排湿"的技术要求,保持叶色翠绿、不高火、不急火。烘至茶坯含水率为40%~45%,手紧握成团、松手即散,至初烘叶稍有扎手感时出叶。

6. 摊凉

初烘叶及时薄摊于摊凉平台等专用设备中,冷却至室温时,摊叶耗时30~40 min。摊凉回潮以促进芽叶中的水分重新分布,手捏茶叶感觉软绵为宜。

7. 曲毫做形

采用6CCQ 50型双锅曲毫炒干机进行初曲毫,每锅投叶量为3~4 kg,锅体温度为80~100℃,大幅快炒。耗时30~45 min,至茶坯含水率在25%~30%、细嫩芽叶成卷曲状时出锅。出锅叶采用竹匾、篾簟等专用工具及时摊凉。再继续使用50型双锅曲毫炒干机进行复曲毫,每锅4~5 kg,锅体温度在60~80℃,炒制时间为30~40 min,至茶坯大部分成卷曲盘花状、含水率为15%~18%时出锅。

8. 毛烘

做形叶经摊凉回潮30 min后,选用斗式烘焙机、手拉百页烘干机、6CHM5型、10型热风自动烘干机进行毛火烘干,毛烘温度为90~100℃,烘至八九成干,条索基本收紧,茶条手捏可断碎,至茶坯含水率为10%~12%时下机。续后充分摊凉、回潮。

9. 足烘

足烘主要是焙干、提香,通常采用隧道式连续烘焙机、箱式烘焙提香机及热风自动烘干机等设备。毛烘茶坯经完全摊凉回潮后进行烘焙,温度为70~80℃,慢焙至茶叶含水率为5%~6%,手捏茶条成粉末,折梗即

断。通过低温慢焙,能显著促进茶叶香气清纯、滋味醇厚鲜爽。

10.精选

毛茶经过筛分、风选、色选等工艺,成品茶能达到条索紧卷、匀整,色泽绿润,形成良好的品相规格。

▶ 第五节　针形绿茶

针形绿茶代表性名优茶有恩施玉露、雨花茶、新安银毫、石门银峰、得雨活茶、黄山松针、千岛玉叶、叙府龙芽、竹叶青等,外形特点为紧结细直、如松针状(图2-10)。

图2-10　休宁银毫特级(新安源茶业 提供)

一 机械化加工工艺流程

摊青、杀青、揉捻、初烘、做形(理条)、整形(定形)、回潮、足烘。鲜叶处理、杀青、干燥工序设备选型类似于尖朵形茶,揉捻选用6CRM30型、35型揉捻机等,做形(理条)选用多槽式往复理条机等做形设备。

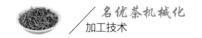
二 关键工艺技术

1.杀青

鲜叶经适当摊青后,采用6CS 50型及以上滚筒连续杀青机进行杀青作业,投叶时的机显温度为220~250℃,出叶口空气温度在90℃以上。50型投叶量为40~50 kg/h,60型投叶量为60~70 kg/h,80型投叶量为100~120 kg/h,耗时2~4 min。杀青程度:叶色由鲜绿色转为暗绿色,青草气消失,叶质柔软,无焦边爆点,发出淡茶香为适度。

2.揉捻

杀青叶经冷风散热、薄摊冷却后进行揉捻,采用6CR30型、35型及以上揉捻机。30型投叶量为8~10 kg,35型投叶量为10~15 kg,45型投叶量为25~30 kg。揉捻用时20~30 min,以80%以上的叶片揉捻成条为适度。

3.初烘

揉捻叶采用滚筒动态烘干机或单层、多层热风烘干机进行初烘,初烘温度为100~110℃;摊叶厚度为2~3 cm;初烘时间为5~10 min;至叶质柔软,手握茶叶成团、松开自然散开,略有刺手感,茶坯含水率在35%~40%为适度。

4.做形(理条)

初烘叶应迅速摊冷至常温,薄摊20~30 min。采用往复式理条机或阶梯式理条机进行做形,每条小槽投叶60~80 g,机显温度为130~150℃,槽底温度控制在60~80℃,炒至90%茶坯紧直成条、有刺手感、色泽绿润,茶坯含水率在20%~25%为适度。

5.整形(定形)

采用往复式理条机或茶叶精揉机等设备固定茶形,60型精揉机每次投叶量4.5~5 kg,温度控制在80~90℃,压力调节宜轻,仅在5~25 min之间加轻压,耗时30~45 min,炒至90%以上条索紧细、匀直为适度,茶坯含水

率在12%~15%下机。

6.回潮

整形叶应摊冷至室温,回潮时间60~120 min。

7.足烘

采用箱式烘焙提香机或热风自动烘干机等设备,烘焙温度在70℃左右,耗时20~30 min。烘至茶叶含水率在5%~6%,条索紧结、匀整、色泽绿润,茶香浓郁,折梗即断,手碾成末为适度。烘干后的毛茶应及时摊凉,待茶温降至室温后再装箱,切勿热茶装袋。

第六节　条形绿茶

条形绿茶代表性名茶有黄山毛峰、九华毛峰、庐山云雾、宣城云雾、狗牯脑茶、信阳毛尖、都匀毛尖、古丈毛尖等,外形特点为条索紧卷、自然微曲状(图2-11)。

图2-11　黄山毛峰特级二等(谢裕大茶业 提供)

一 机械化加工工艺流程

鲜叶处理、摊青、摊凉、杀青、揉捻、初烘、做形(整形)、回潮、毛烘、足烘、精选。

二 关键工艺技术

1.摊青

茶鲜叶摊放至含水率在68%~72%,鲜叶表面失去光泽,叶色暗绿,青草气减退,叶形萎蔫、叶质稍柔为适度。

2.杀青

常用机型为6CS 60型、80型滚筒连续杀青机,能源主要采用电力、天然气、液化石油气等。滚筒杀青机内筒局部有些泛红时,机械显示温度260~280℃,立即开动输送机投入鲜叶,杀青过程中要符合先高后低的温度要求,严格掌控出叶口的杀青叶程度,保持杀青温度、投叶量的相对稳定。杀青结束前约10 min开始降温,使机械温度随着滚筒中叶量的减少而逐步降低,以防止最后的杀青叶焦煳。滚筒转速为30~32 r/min,杀青时间为3~4 min。杀青程度:芽叶失去光泽,叶色由鲜绿变成暗绿色,叶质柔软、萎卷,嫩梗折而不断,手紧握叶能成团、松手不易散开,略带黏性,青气散失,显露清香,均匀一致,高档茶的杀青叶应略有刺手感,茶坯含水率在50%~55%为适度。

3.摊凉

杀青叶应迅速吹风冷却,采用竹制容器在室内自然摊凉,或使用多层摊叶设备进行摊凉,摊叶厚度在5~8 cm,摊凉时间为30~60 min;以茶叶回软、手握茶坯成团不刺手为适度。

4.揉捻

常用的揉捻机有6CR 35型、40型、45型、55型等机型。揉桶装叶后,应比揉桶上沿低3~5 cm,加压掌握"轻、重、轻"的原则,嫩叶要"轻压短揉",老叶要"重压长揉"。按茶原料老嫩及揉捻机型号来确定揉捻时间,揉捻时间20~30 min。揉捻程度:高档嫩叶的成条率达80%以上,中档叶的成条率在70%以上;细胞破损率55%左右,碎茶率不超过3%,茶汁溢附叶面,手握有粘手感。

5.初烘

通过高温热风快速过烘脱水,使叶细胞中残存的酶活性进一步破坏,大都选用热风烘干机或动态干燥机。其中,动态干燥导入高温热风与茶料直接、快速进行热交换,实现炒烘一体化作业。采用手拉百页烘干机、6CH10型、16型自动链板烘干机,初烘温度为100~110℃,烘至六成干,减重率达25%~30%,茶坯含水率30%~35%,手握叶质尚软能成团,松手自然散开,茶条互不粘连,有刺手感。

6.做形(整形)

芽叶细嫩的原料可不经过此工序,直接进入毛火烘干工序。其余原料可选用阶梯式理条机或滚筒连续炒干机进行紧条拢条顺条的整形作业。

7.毛烘

毛烘有滚炒毛烘、链板毛烘等方式。滚炒毛烘采用滚烘机筒体投料端内壁温度在160~170℃,热风温度在100~110℃,投叶量在80~100 kg/h,时间为3~5 min。链板毛烘采用链板式烘干机,箱内热风温度为90~100℃,摊叶厚度为2~3 cm,时间为8~12 min。烘至在制品含水率在20%~25%、条索收紧、有较强刺手感为适度。

8.回潮

使用竹制容器进行室内自然摊凉回潮,或采用链板式摊凉回潮机回潮,摊叶厚度为15~20 cm,回潮时间为30~60 min。

9.足烘

足烘有烘干、烘焙等方式。烘干大都采用10型、16型、20型链板式自动烘干机,机箱内热风温度为80~90℃,摊叶厚度为3~4 cm,耗时15~25 min。烘焙大都采用箱式烘焙提香机,箱内空气温度为70~80℃,摊叶厚度为2~3 cm,时间为60~90 min,至茶叶含水率≤6%、梗折即断、手指捻茶条即成粉末为适度。

10.精选

采用色选机去除筋梗,采用风选机去除黄片、毛衣。采用圆筛机区分长短,用抖筛机区分粗细、风选机区分轻重,并按商品茶品质的要求进行匀堆拼配,实现成品茶规格匀整。条形绿茶除作为商品茶销售外,还可制成花茶素坯,窨制成茉莉花茶等再加工茶。

▶ 第七节　颗粒形绿茶

颗粒形绿茶代表性名茶有松萝茶、滴水香茶、金山时雨、平水日铸、泉岗辉白、羊岩勾青等,外形特点为腰圆紧实、呈珍珠或颗粒状(图2-12至图2-14)。

图2-12　松萝茶特级二等(松萝茶业 提供)　图2-13　滴水香茶特级二等(徽谷茶业 提供)

一 机械化加工工艺流程

鲜叶处理、摊青、杀青、摊凉、揉捻、二青、曲毫、回潮、复曲毫、足烘或辉干、精制。主要选用滚筒杀青机、揉捻机、热风烘干机、双锅曲毫机、滚筒炒干机等。

二 关键工艺技术

图2-14　金山时雨(绩溪茶办 提供)

1.摊青

茶鲜叶主要摊放于竹匾、篾簟或专用摊青机上。不同等级、品种、时段的鲜叶分开摊放、分别付制。摊放厚度为6~10 cm,摊放时间为4~8 h,因叶因时而定。摊放过程中要适当翻叶,轻翻、匀翻,减少机械损伤。摊至叶色变暗、叶质变软、折梗不断为适度,含水率控制在68%~70%。

2.杀青

大都采用6CS 80型或90型等滚筒连续杀青机进行杀青,杀青机筒体温度在240~260℃时投叶,80型滚筒杀青机投叶量为150~200 kg/h,90型滚筒杀青机投叶量为200~240 kg/h。杀青程度:杀透杀匀,青草气散失,杀青叶含水率控制在52%~55%,至手捏微粘、茶香显露为适度。

3.摊凉

杀青叶及时摊凉,使用摊叶回潮机等专用工具,充分摊凉30~50 min,摊凉程度为茶梗与叶片水分平衡,手捏茶叶柔软。

4.揉捻

杀青叶经摊凉后揉捻,采用40型及以上的揉捻机,投叶量根据揉桶的大小确定,自动揉捻机组可实现经连续电子计量的杀青叶自动分配到各台揉捻机中。揉捻时间根据原料嫩度特点控制在20~30 min,以轻压长

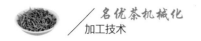

揉为主,先轻后重,揉捻期间加压1~2次,最后松压空揉3 min左右,起到辅助解块的作用。至芽叶完整、不分离,揉捻叶初步成条,保持汁液不过度渗透叶面。

5. 二青

使用动态干燥机或连续炒干机、热风烘干机烘炒二青,二青过程要求快速、少量、排湿,以保持叶色翠绿。炒二青过程中应使用风扇和鼓风机辅助排湿,出叶后及时摊凉,防止堆积渥黄。二青叶烘炒至含水率在35%~45%、手捏茶坯不粘手为适度。

6. 曲毫

使用50型或60型双锅曲毫机进行做形,做形曲毫以大幅快摆为主、茶料能够翻转。初炒时锅温控制在140~160℃,平均叶温为60~70℃,初炒二青叶50型曲毫机投叶5~6 kg,60型曲毫机投叶8~10 kg,炒制时间为25~45 min,炒至茶坯含水量在20%~25%,芽叶初卷、叶色翠绿,迅速出锅。

7. 复曲毫

初炒茶坯在回潮机或缓苏机上及时冷却、摊凉,回潮至基本回软,时间为50~60 min。采用50型或60型双锅曲毫机进行复曲毫,复炒以小幅慢炒为主,茶坯能够翻转,复炒锅温为100~120℃、平均叶温为50~60℃。复炒50型曲毫机投叶8~12 kg,60型曲毫机投叶12~15 kg,炒制时间为20~35 min,炒至茶叶条索基本紧结、卷曲,呈颗粒状,茶香显露,茶坯含水率在10%~12%为适度。在做形过程中,要间隔使用鼓风机辅助排湿,出叶后及时摊凉,防止湿热渥堆。

8. 足烘

采用链板式热风烘干机进行足烘,有利于保持颗粒形绿茶色泽翠绿,发展香气,热风温度为80~90℃,时间为15~20 min。此外,还可选择八角炒干机或远红外瓶式滚炒提香机进行辉干提香,根据瓶式炒干机的机型来确定温度和投叶量,提香温度为90~100℃,投叶量每机30~40 kg,

滚炒时间为20~30 min。足烘程度:折梗即断,手捻茶条成粉末,至茶叶含水率在5%~6%为适度。出叶后要迅速摊开散热,冷却至室温,保持色泽绿润。

9.精制

对毛茶进行适当筛分、风选、拣剔等精制处理,剔除片末次杂,达到商品茶的规格级别。

▶ 第八节　烘炒形绿茶

烘炒形绿茶以优质茶鲜叶为原料,全程可采用大型茶叶加工设备或生产线进行加工,与其他类型名茶相比,劳力用工少,能实现"机器换人",加工生产线实现了连续化、清洁化、自动化,并以"条索紧结、色泽翠润、滋味浓爽、汤色清亮"为特色,质价比甚高,属于一款畅销全国的"口粮茶"。代表性名茶有松阳香茶、天柱玄月、二祖禅茶、黄山银钩、雾林高绿等。

一 机械化加工工艺流程

摊青、杀青、揉捻、初烘、二青初炒、回潮、三青复炒、足烘。炒制设备选用6CCL80型、100型滚筒连续炒干机和6CCP100型、110型瓶式炒干机等。

二 关键工艺技术

1.摊青

将采后鲜叶分类并及时送入鲜叶摊青机进行摊放。高档茶鲜叶摊放厚度为5~10 cm,中档茶鲜叶摊放厚度为10~15 cm。摊叶时间为3~5 h。叶质变得柔软,鲜叶失重率为10%左右为适度。

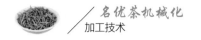
2.杀青

大都采用6CS 80型或90型等滚筒连续杀青机进行杀青,杀青温度设定在260~300℃,杀青时间为3~5 min。掌握"嫩叶老杀、老叶嫩杀、杀透杀匀"的原则。杀青程度:叶色暗绿,叶面失去光泽,叶质柔软、梗折而不断,手握成团、稍有弹性,青草气散失、清香产生,至茶坯含水率在52%~55%为适度。杀青机出茶口可配设风扇,利用冷风散热吹杂,促使杀青叶快速降温,散发水蒸气和吹去"黄片"。

3.揉捻

杀青叶在回潮机或缓苏机上及时冷却、摊凉,回潮至基本回软,时间为30~60 min。采用6CR 45型或55型揉捻机进行揉捻,使部分叶细胞破损,茶汁溢出,促进成条。先通过输送装置将回潮的杀青叶输入揉捻机组,在控制系统下依次逐桶定时、定量投叶揉捻。通常45型揉捻机每桶投叶18~20 kg,55型揉捻机每桶装叶28~30 kg,以揉捻叶在桶内翻转自如为宜。揉捻时间高档叶设定为40~50 min,其中空揉15~20 min,加压揉20~25 min,松压揉捻5 min,成条率在80%~90%。中档叶设定揉捻50~60 min,其中空揉20~25 min,加压重揉25~30 min,松压揉捻5 min,成条率在80%~85%。

4.初烘

采用单层或多层链板式热风烘干机、动态烘干机等设备,初烘温度设定为100~110℃,高温快速散失水分,叶子黏性降低,至手握成团、松手后可散开,茶坯含水量在40%~45%为适度。下机后薄摊30 min。

5.二青初炒

将初烘叶通过输送带送入长滚筒连续炒干机、瓶式炒干机组或往复式长滚筒炒干机组进行滚二青初步滚炒做形,茶坯随着滚筒旋转边前进、边与筒壁或与热风管送入热风接触,散发水分达到滚二青的目的。初滚炒做形温度高档叶设定为120~140℃,时间为10~15 min;中档叶温度设定为125~135℃,时间为16~18 min,滚炒至初成"条形",手握叶质较硬,茶条触手互不粘连,手握难以成团,富有弹性,青气消失显茶香,茶坯含水率为25%~30%。

6.三青复炒

摊凉回潮30~60 min后的二青叶,经输送摊凉后送入长滚筒连续炒干机、往复式长滚筒炒干机组进行炒三青复滚炒做形,炒制温度设定为110~120℃,时间为6~8 min。使用循环长滚筒炒干机组进行三青炒制,反复滚炒两次下机。采用110型瓶式炒干机组三青炒制,温度设定为100~120℃,均匀投叶,投叶量为30~35 kg/机,时间为15~20 min。炒至茶条紧结,茶坯含水率在10%~15%。

7.足烘

完成炒三青的茶坯复炒出叶后,再放入6CH 10型或16型自动链板式烘干机进行足烘提香,烘干机温度设定为90~100℃,时间设定为15~20 min,成品茶含水率在5%~6%。

当前,在名优茶机械化加工中,需要重点解决机制名优茶成形、焙香等关键工艺的品质调控难题和做形、干燥等关键工序衔接的水分平衡难题(图2-15至图2-17)。

图2-15 太平猴魁特级(猴坑茶业 提供) 图2-16 六安瓜片特级(徽六茶业 提供)

图2-17　广德黄金芽(广德茶协 提供)

第三章　名优红茶加工

名优红茶鲜叶原料的基本要求：芽叶新鲜、匀净，无病虫叶，无劣变叶及非茶类夹杂物。按所制品类的规格要求采摘茶树新梢，采后的鲜叶原料按嫩度、匀度、净度、新鲜度等进行分级。针形红茶原料规格要求：单芽至一芽一叶初展比例不低于80%，芽头细长，叶形小，叶面内卷。卷曲形和条形红茶的鲜叶规格要求：一芽一叶初展至一芽二叶比例不低于80%，芽头壮实，叶质较厚不开片。工夫红茶原料规格要求：特级原料为早春的一芽一叶初展和一芽二叶初展比例不低于80%；1~2级原料为中春的一芽二叶初展和一芽三叶比例不低于80%。优质红茶现有传统工夫红茶和创新红茶两大类型，传统工夫红茶分为内销、外销两大类别，其中内销工夫茶又有特贡、国礼、特茗、特级等10余个品类；创新红茶又称名优红茶，借鉴名优绿茶理念创制而成，主要包括条形红茶、卷曲形红茶、针形红茶3个红茶新品类。

第一节　条形红茶

条形红茶外形紧结露毫，显锋苗，色泽乌润，内质甜香高鲜，滋味甜醇，汤色红亮，叶底嫩匀红亮。

一　机械化加工工艺流程

萎凋、揉捻、解块、复揉、发酵、动态干燥（初烘）、毛烘（复烘）、摊凉回

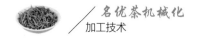

潮、足烘、筛分、风选、色选、焙香、成品茶。

二 关键工艺技术

1.萎凋

萎凋既有物理失水作用,又内含物质化学变化。鲜叶在萎凋中随着表面水分的快速散失,细胞液浓度增加,原生质中水分缓慢外渗蒸发,原生质逐步失去亲水性而凝固变性。萎凋促使鲜叶散失水分、叶质变软,便于揉捻。大都采用萎凋槽或自动萎凋机进行热风萎凋。萎凋槽进风口温度控制在35℃左右,摊叶厚度为10~15 cm,细嫩叶和露水叶薄摊,老叶稍厚摊;每间隔1 h停机均匀翻叶1次,耗时3~4 h。雨水叶先吹冷风,吹干叶子表面水后供热风。采用10型热进风萎凋槽进行加温萎凋时,风机动力为2.8~3 kW,风力范围(出叶口)的风量为260~320 m³/min、风速为4~6 m/s。萎凋风力低,热量积聚较多、散热慢、叶温较高,摊叶应稍薄或增加翻叶次数。萎凋适度为萎凋叶含水率55%~60%,叶片柔软,手握成团,松手不易弹散,茎梗折而不断,叶色由鲜绿色变为暗绿色,失去光泽,青气减退,透出清香。

2.揉捻

揉捻没有外热作用属于冷做形,揉捻时适度破坏叶细胞、茶汁外溢而使茶叶卷曲成条、塑造形状,要求揉捻叶具有较高的细胞破损率和芽叶完整性。投叶量以疏松、装满揉桶为宜。大都采用6CR 45型、55型揉捻机,揉捻时间为70~80 min。先空揉40 min,再每隔10 min持续加压,中途不减压,加压方式先轻后重,最后松压匀条下机。揉捻中团块较多时,可以中间下机解块,再上机复揉。揉捻适度表现为芽叶紧卷成条,无松散折叠,手紧握茶坯有茶汁向外溢出,松手后茶团不松散,茶坯局部发红,有较浓的青草气味,细胞破损率在80%以上。

3. 发酵

采用温湿度可调控的专用发酵室或箱式红茶发酵机、链带式发酵机进行设施化发酵。专用发酵室内设发酵架，每架设8~10层，每层间隔25 cm，内置可移动的发酵盒，发酵盒高12~15 cm，发酵叶摊厚8~10 cm，使用发酵盒时，发酵叶不能装满压紧，装九分满，呈蓬松状。使用蒸汽发生炉提供蒸汽来加热供湿，调控发酵室的温湿度，发酵时控温28~30℃、相对湿度90%~95%，发酵时间为2~3 h，中途翻拌1次，保证供氧充分，使之均匀发酵，避免出现花青、暗条，发酵程度为嫩茎泛红色，叶色由黄绿转成黄红色，青草气消失，透出花果香。

4. 动态干燥（初烘）

采用100型动态干燥机或6CH 10型、16型自动链板烘干机等进行高温快烘脱水，热进风的风量为130~150 m³/min、风速为2.8~3 m/s、风温为110~120℃，初烘时长8~10 min，使茶坯水分含量降至30%~35%，手捏茶坯较粘手为适度。

5. 毛烘（复烘）

采用6CH 16型、20型自动链板烘干机，复烘温度为90~100℃，时间为12~15 min，续后充分摊凉、回潮，烘至茶坯含水率在15%~20%。下机摊凉散热、冷却至室温。

6. 足烘

采用6CH 16型、20型自动链板烘干机，足烘温度为70~80℃，时间为15~20 min，烘至茶坯含水率在5%~6%。

红茶干燥的目的是利用高温终止酶促氧化，蒸发水分，紧缩条索，塑造外形，焙制香气。多酚类物质的水溶性氧化产物主要是茶黄素、茶红素和茶褐素，三者比例协调对祁红的色、香、味及综合品质起着决定性的作用。

第二节　卷曲形红茶

卷曲形红茶外形紧细卷曲、金毫显露,色泽乌润,内质甜香高鲜,滋味甜醇,汤色红亮,叶底嫩匀红亮(图3-1)。

图3-1　祁红香螺特级(合一园祁红 提供)

一　机械化加工工艺流程

萎凋、揉捻、解块、复揉、发酵、动态干燥(初烘)、初曲毫(搓团)、摊凉回潮、复曲毫(整形、提毫)、毛烘(复烘)、回潮、足烘、筛分、风选、色选、焙香、成品茶。

二　关键工艺技术

1.萎凋

萎凋的方式主要有自然萎凋、空调萎凋、日光萎凋和热风萎凋。大都采用自然萎凋与加温萎凋相结合的复式萎凋,根据气温、湿度、阳光等环境因素而定,茶鲜叶室内薄摊自然萎凋5~8 h,日光萎凋1 h,室外遮阴或室内摊叶1 h,再次进行日光萎凋0.5~1 h,室内摊叶1 h。采用热风萎凋槽进行萎凋,进风口温度控制在约35℃,摊青厚度为5~10 cm,叶温掌控在30~32℃。萎凋后期,要避免持续高温热风,防止叶子失水过快,芽尖、叶缘枯干。萎凋至叶质柔软、光泽消失、茎梗折而不断,青气减退、透出清香为适度。萎凋叶含水率掌控在55%~60%,以保证揉捻时有足够的茶汁外溢,便于后续做形。

2.揉捻

大都采用6CR 30型或35型揉捻机,揉捻时间为50~60 min,先空揉15 min,无压贴叶揉捻5 min,轻压贴叶揉捻10 min,揉捻叶团块较多时,可下机解块,再上机加压复揉捻10 min,稍重压揉捻10 min,松压揉捻5 min下机,既达到揉捻效果又减少芽叶断碎。

3.发酵

采用温湿度可调控的发酵室进行设施化发酵,热蒸汽或超声波加湿器供湿,发酵室内控温28~30℃、相对湿度90%~95%,叶温掌控在不超过32℃,中途翻拌1~2次,使之均匀发酵,发酵时间为3~4 h,避免出现花青、暗条,发酵程度为叶嫩茎泛红色,青草气消失,透出花果香。

4.动态干燥(初烘)

由于发酵叶含水率较高,应采用斗式烘焙机或动态干燥机,控温在90~100℃,快速烘胚脱水10%~15%。既要避免因排湿不畅、湿热作用过强而导致氧化过度,又要避免茶坯失水过多过快,不利于后续的红茶做形。

5.做形(初曲毫、复曲毫)

卷曲形红茶机械做形采用二次曲毫方式。初曲毫使用6CCQ50型双锅曲毫机,初炒温度(机显温度)为150~130℃,先高后低,每锅投叶4~5 kg,炒手往复运动采用快挡位,时间20~30 min,打开热风管辅助排湿;炒至叶坯基本卷曲成形、色泽转乌,茶坯含水率约30%。下机摊凉回潮40~60 min后,再上机复曲毫,使用50型双锅曲毫机,复炒温度为120~

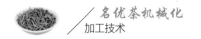

110℃,每锅投叶5~6 kg,炒手往复运动采用慢挡位,时间为20~30 min,炒至叶坯基本紧卷成形、露毫,茶坯含水率约20%,下机摊凉,茶条基本收紧、手捏外碎内软。

6.干燥(毛烘、足烘)

毛烘(复烘):做形后茶坯采用热风烘干机或斗式烘焙机,机显温度90~80℃进行热风烘干,进一步散发水分、促进品质,烘至含水率在10%~12%。

足烘:复烘叶经完全摊凉回潮后进行烘焙,采用箱式烘焙提香机低温慢烘焙香,机显温度为70~60℃,焙制1~1.5 h,含水率在4%~5%。

干燥完成后,采用筛分、风选、色选等方式,去除茶梗、碎、片、末等次杂物,并进行分级定级,保持芽叶完整、减少断碎,促进卷曲形红茶的品相匀净、平伏。

▶ 第三节　针形红茶

针形红茶外形细嫩紧直、金毫显露,色泽乌润,内质鲜嫩甜香,滋味鲜醇嫩甜,汤色红亮,叶底嫩匀红亮(图3-2)。

图3-2　祁红金针特级(合一园祁红 提供)

一 机械化加工工艺流程

萎凋、揉捻、解块、复揉、发酵、动态干燥（初烘）、初理条（搓条）、摊凉回潮、复理条（整形、提毫）、复烘、回潮、毛烘、足烘、筛分、风选、色选、焙香、成品茶。

二 关键工艺技术

1.萎凋

萎凋的方式主要有自然萎凋、空调萎凋、日光萎凋和热风萎凋。大都采用自然萎凋与加温萎凋相结合的复式萎凋，根据气温、湿度、阳光等环境因素而定，茶鲜叶室内薄摊自然萎凋5~8 h，日光萎凋1 h，室外遮阴或室内摊叶1 h，再次进行日光萎凋0.5~1 h，室内摊叶1 h。采用热风萎凋槽进行萎凋，进风口温度控制在35℃左右，鲜叶摊青厚度为5~10 cm，叶温掌控在30~32℃。萎凋后期，要避免持续高温热风，防止叶子失水过快，芽尖、叶缘枯干。萎凋至叶质柔软、光泽消失、茎梗折而不断，青气减退、透出清香为适度。萎凋叶含水率掌控在55%~60%，以保证揉捻时有足够的茶汁外溢，便于做形。

2.揉捻

采用30型或35型揉捻机揉捻50~60 min，先空揉15 min，无压贴叶揉捻5 min，轻压贴叶揉捻10 min，揉捻叶团块较多时，可下机解块，再上机加压复揉捻10 min，稍重压揉捻10 min，松压揉捻5 min下机，既达到揉捻效果又减少芽叶断碎。

3.发酵

采用温湿度可调控的发酵室进行设施化发酵，热蒸汽或超声波加湿器供湿，发酵室内控温28~30℃、相对湿度90%~95%，叶温掌控在不超过32℃，中途翻拌1~2次，使之均匀发酵，发酵时间为3~4 h，避免出现花青、

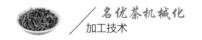

暗条,发酵程度为叶嫩茎泛红色,青草气消失,透出花果香。

4.动态干燥(初烘)

由于发酵叶含水率较高,应采用斗式烘焙机或动态干燥机,控温在90~100℃快速烘胚脱水10%~15%。既要避免因排湿不畅、湿热作用过强而导致氧化过度,又要避免茶坯失水过多过快,不利于后续的红茶做形作业。

5.做形(初理条、复理条)

针形红茶机械做形的初理条工序使用往复理条机或阶梯式理条机,锅温120~100℃,炒至茶坯含水率约30%。下机摊凉回潮60 min,再进行复理条,采用往复理条机,锅温100~90℃,炒至茶坯含水率在15%~20%,条索基本收紧、手捏可折断、略有粘连。做形力度掌握"轻、重、轻"的原则,四五成干开始搓团或理条,五六成干整形、提毫,七八成干做形完毕。出叶过早,叶身较软,外形难以固定;出叶过迟,易断碎、损失金毫和影响成品茶色泽。

6.干燥(毛烘、足烘)

毛烘(二烘):做形后茶坯采用热风烘干机或斗式烘焙机,温度在80~90℃进行热风烘干,进一步散发水分、促进品质,烘至含水率为10%~12%。

足烘:毛烘叶经完全摊凉回潮后进行烘焙,采用箱式烘焙提香机低温慢烘焙香,温度为70~60℃,焙制1~1.5 h,含水率为4.0%~5.0%。

干燥完成后,采用筛分、风选、色选等方式,去除茶梗、碎、片、末等次杂物,并进行分级定级,保持芽叶完整、减少断碎,促进针形红茶的品相达到匀净、平伏。

第四节　花香型红茶

花香型红茶加工分成3个工段。萎凋工段晒青、摊青交替进行。做青工段进行摇青、晾青作业。阴雨天选用室内加温萎凋;摇青利用竹制滚筒摇青机使茶青做旋转、摩擦运动,叶缘部分细胞受到损伤,促进内含物质的酶促转化。揉烘工段采用二揉三烘相间进行,并依据不同品种、原料特点和加工条件做适当调整。

机械化加工工艺流程:鲜叶、萎凋(晒青和摊青)、做青(摇青和晾青)、揉捻、发酵、初烘、复揉、滚炒、复烘、烘焙等工序。

一　原料需求

鲜叶原料以一芽三四叶为主,具有一定成熟度的茶鲜叶才更具有良好的品质效应。新梢不同部位叶片主要化学成分含量有所不同,随着新梢伸育进程,叶片内非酯型儿茶素、醚浸出物、类胡萝卜素含量渐趋增加。类胡萝卜素含量也随着新梢的伸育进程而增加,其是茶叶加工中转化成高香成分的重要物质。叶肉细胞内含叶绿素增多,光合作用效率高,大型淀粉粒、糖类和全果胶量增加,赋予茶叶更多的醇厚甘爽。做青工序中要求鲜叶发生摩擦、损伤作用,仅局限于青叶的叶缘部分,而对于枝梗、叶面等部分又要维护其完整性,以便于在做青阶段完成具有生命特征的"走水"等一系列生化变化。因此,做青既要求叶组织有一定损伤,又留有余地,而成熟度较高的新梢,其叶片结构的表皮角质较厚,具有较佳的耐磨性,符合做青工艺的特殊要求。

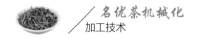

二 萎凋工艺

萎凋是红茶加工的首步工艺，萎凋方式主要有日光萎凋（晒青）、室内自然萎凋（晾青）和加温萎凋。萎凋中，在失水条件、呼吸代谢、水解酶促作用下，茶鲜叶一系列物理和化学特性随之改变，为后续工艺做好鲜叶理化性状的必要贮备。花香型红茶萎凋工艺主要有晒青和晾青，晒青+晾青反复2~3次。进厂后的鲜叶，均匀摊放于竹帘或竹筛上散热，摊放厚度为3~5 cm，然后移至室外晒青。阳光较强时晒10~15 min，阳光柔和时晒20~30 min，避免强烈阳光晒青。室内萎凋也可称为晾青，将鲜叶摊放在竹匾上，静置于晾青架上，酌情翻动2~3次，每次晾青1~1.5 h。

晾青一般不单独进行，大都与晒青相结合，原因：一是散发叶片水分和热量，使茶青"转活"保持新鲜度；二是可调节晒青时间，延缓晒青水分蒸发的速度，便于摇青。轻晒青利用光能热量使鲜叶适度失水，促进水解酶系和氧化还原酶系的活化。晒青要求阳光相对柔和，可使用遮阳网调节光线强度，摊叶宜薄均。晒青程度：萎凋叶失去光泽，叶色转暗绿，顶叶下垂，梗弯而不断，手捏有弹性感，宁轻勿重，切忌晒青过度造成走水困难和死青，不利于做青阶段内含物质的转化和香气的形成。

三 做青工艺

"做青"是花香型红茶品质特征形成的重要工序，要灵活掌握"看青做青"和"看天做青"。生产中大都在做青间安装空调机，调控做青的温度与湿度，确保茶青新鲜，茶叶内含物质的"发酵"也较为均匀，制优率提升。雨水叶应长时间薄摊进行自然萎凋。原料叶通过在摇青机中的摩擦运动，擦破叶缘细胞，从而促进酶促氧化作用，使鲜叶发生一系列生物化学变化。

做青工艺主要是摇青和晾青作业，选用6CWYQ82型乌龙茶摇青机，竹筒装叶40~60 kg,以略盖过筒笼轴心为宜,轻摇青、摇均匀、薄摊青、长晾青。摇青次数为3~4次,摇青50转→100转→150转依次进行,一摇摇青时间短,摇出淡淡的"青气",待青气退后,进行二摇;二摇摇的比一摇稍重,"青气"较一摇稍浓;三摇摇"香",摇至清香显露,每次摇青均需等鲜叶青气退后才能再摇。一二摇的晾青时间短,三摇后晾青时间长,以0.5 h→0.8 h→1 h为宜,待第三次摇完毕,晾青2 h后,需勤嗅茶香,待青气消尽后视为适度。做青掌握由轻渐重,次数由少渐多,摇置时间由短渐长,摊叶厚度由薄渐厚。做青环境室温为22~28℃、室内相对湿度为75%~80%,可配套辅用空调机和除湿机。

（四）揉烘工艺

1.揉捻

选用6CR 45型、55型揉捻机,揉捻时间为50~60 min,茶青嫩宜短、粗老青宜长。揉捻中杀青叶通过揉捻机的挤压、扭曲成条,揉出茶汁,凝于叶表,使茶坯条索紧结。加压方式先轻后重,最后松压匀条,揉捻以细胞破损率80%左右为宜。

2.发酵

采用温湿度可调控的发酵室进行设施化发酵,发酵室内控温30~32℃、相对湿度90%~95%。发酵程度为叶子嫩茎泛红色,青草气消失,透出花果香。

3.初烘

选用6CH 10型、16型自动链板烘干机,初烘温度为110~120℃,烘至六成干,手捏茶坯不粘手为适度。初烘工艺通过烘干机适当高温快速烘焙,使叶细胞中残存的酶活性被进一步破坏,并散发水分便于复揉。

4.复揉

选用6CR 45型、55型揉捻机,揉捻20~30 min,以改善外形,增进茶条

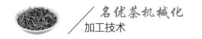
紧结,并发生适量的非酶促氧化作用,达到滋味醇和、鲜爽。

5.复烘

选用6CH 10型、16型自动链板烘干机,复烘温度为90~100℃,时间为15~20 min,至八九成干,茶坯含水率在10%~15%,续后充分摊凉、回潮。

最后为烘焙工序,大都采用箱体式烘焙提香机,能起到焙干、提香的作用。复烘茶坯经完全摊凉回潮后进行烘焙,温度为60~70℃,烘焙1.5~2 h,至茶叶含水率在5%~6%时即可下机,摊凉包装。通过低温慢焙,促进茶叶香气清纯,花香显露,滋味醇厚鲜爽。

第四章

炒青绿茶、工夫红茶、红碎茶及多茶类加工

▶ 第一节　炒青绿茶和眉茶加工

　　绿茶较多地保留了鲜叶内的天然物质,其中茶多酚、咖啡因保留量为85%以上,叶绿素保留量约50%,维生素损失较少,从而形成了绿茶"清汤绿叶,滋味收敛性强"的品质特点。炒青绿茶以炒干为三青和足干方式而得名。按外形分为长炒青、圆炒青和特种炒青3类,通常炒青一般是指长炒青绿茶。长炒青精制后形似眉毛,外销称眉茶,品质特点是条索紧结,色泽绿润,香高味醇,眉茶花色有珍眉、贡熙、雨茶、秀眉等,有屯绿、杭绿、遂绿、婺绿、温绿、舒绿、芜绿、湘绿等知名品类。圆炒青精制后外形紧圆如珠,通常称为珠茶,品质特点是细圆紧结似珍珠,香高味浓,成品珠茶以绍兴"平水珠茶(平绿)"最为知名。特种炒青是以细嫩芽叶加工而成的炒青绿茶,如龙井茶、大方茶、松萝茶、泉岗辉白、涌溪火青、丽水香茶等品类,现已归入"名优绿茶"范畴。

一 炒青绿茶加工

　　传统炒青绿茶加工包括初制、精制两个环节,其中,外销炒青绿茶的精制过程称为眉茶加工。

1.机械化初制工艺流程

摊青、杀青、揉捻、筛分解块、烘二青、炒三青、滚炒足干。

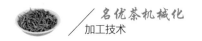
2.机械化初制关键技术

（1）杀青：常用机型为6CST 80型滚筒连续杀青机、6CSP 110型瓶式滚筒杀青机。滚筒连续杀青机的滚筒局部有些泛红时，机显温度260~220℃，立即开动输送机投入鲜叶，杀青过程中要符合先高后低的温度要求，严密掌控出叶口的杀青叶程度，保持杀青温度、投叶量的相对恒定；杀青结束前约10 min开始降温，使机温随着机中叶量的减少而逐步降低，并可使滚筒倾斜加快出叶，以防止杀青叶焦糊；该机转速以每分钟30~32转为宜，杀青时间控制在3.5~4 min。6CSP 110型瓶式滚筒杀青机每次投叶量约为12 kg，杀青适温表现为可听见类似炒芝麻声，根据鲜叶嫩度和水分含量的不同控制投叶量，初炒2 min后适当降低温度，再炒2~3 min即可，杀青时间为6~7 min，该机转速以每分钟28~30转为宜。杀青程度：芽叶失去光泽，叶色由鲜绿变成暗绿，叶质柔软、萎卷，嫩梗折而不断，手紧握杀青叶能成团，松手不易散开，略带有黏性，青气散失，显露清香，高档茶的杀青叶要略有刺手感，含水率在55%~60%为适度。

（2）揉捻：常用的揉捻机有6CR 45型、55型等机型。揉桶装叶后，要比揉桶上沿低约5 cm，加压应掌握"轻、重、轻"的原则，嫩叶要"轻压短揉"，老叶要"重压长揉"。按茶原料老嫩及揉捻机的型号来确定揉捻时间，一般空揉10~15 min，加轻压10 min，加较重压10 min，减压空揉5 min下机，揉捻时间为30~40 min。揉捻程度：高档嫩叶的成条率在80%以上，中档叶的成条率达70%以上；细胞破碎率为55%左右，碎茶率不超过3%，茶汁溢附叶面，手握有黏手感。揉捻叶团块较多时需解块，先筛分茶坯，筛上团块茶进行解块，筛下茶直接进入下一道工序，以保护茶条锋苗，减少断碎，便于干燥成形、揉紧成条。

（3）烘二青：目前，炒青绿茶的二青作业，以工效较高的烘二青为主，主要使用6CH 16型、20型链板式烘干机或6CHT 100型滚筒热风烘干机等设备，进风口温度为120~130℃，摊叶厚度为1~1.5 cm，时间为10~

15 min,下机后摊凉 30 min。烘二青程度:待减重率在 25%~30%,含水率在 35%~40%,手握叶质尚软,茶条互不粘连,手握能成团,松手能散开,富有弹性,稍感触手,青气消失即可。

(4)炒三青:使用 6CCP 110 型瓶式炒干机或 6CCL 100 型滚筒连续炒干机,筒温为 90~110℃。瓶式炒干机投叶量每机每次 20~30 kg,滚炒 45 min,下机摊凉回潮 60 min,可选用筛分、风选设备,去除碎、片、末茶并分级干燥。炒三青程度:炒至含水率在 15%~20%,条索基本收紧,茶条可折断,手捏不会断碎,有刺手感即可。

(5)滚炒足干:使用 6CCP 110 型瓶式炒干机或 6CCL 100 型滚筒连续炒干机,筒温为 80~70℃(先高后低)。瓶式炒干机投叶量每机每次 35~40 kg,滚炒 60~90 min。足干程度:炒至含水率为 6%~7%,条索紧结、匀整,色泽绿润,茶香浓郁,手捏茶条成粉末,折梗即断。待摊凉至室温后包装。

(6)毛茶包装与贮运:毛茶包装标签要固定在包装的显著位置。标签内容包括产地、等级、重量(净重、皮重)和加工日期等。包装用材为纸箱或布袋内衬食品级塑料袋,包装器物要牢固、清洁、无异味,毛茶须贮存于清洁、卫生、干燥的专用仓库。运输过程中必须保证清洁、无异味且有防雨遮盖物,装运时要包严、盖牢。

二 眉茶加工

传统外销绿茶主要包括眉茶、珠茶和蒸青茶等茶类,其中,眉茶加工以长炒青毛茶为原料,又称炒茶绿茶精制,现居我国出口茶市场的主导地位。精制主要是茶叶外形物理性状的变化,通过筛分、风选、拣剔等工序,实现分号、除杂、拼配,以形成规格、匀净的精制茶品质特征。

1.机械化精制工艺流程

炒青初制茶(毛茶)、复滚、分筛、剖扇、毛抖、机拣、毛撩、精扇、色选、车色、净撩、紧门、清风、补火、匀堆、精制茶包装。

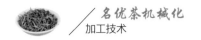
2.机械化精制关键技术

(1)单级梯式付制:改变炒青绿茶精制单级多批、单等交叉等传统付制方式,可以解决毛茶归堆库容紧、在制品囤积多、付制批次多、加工周期长等瓶颈难题。单级梯式付制是指一个加工周期两个批次,每批单个级别,两批级别梯邻,如第1周期付制特级、1级毛茶,第2周期则付制2级、3级毛茶。单级梯式付制对原料的调配,要求根据毛茶原料供给状况,每批原料茶付制过程中对不同季节、产地的单级茶进行搭配调剂,以减轻成品茶拼配工作量。此项技术只需对毛茶按季节、产地进行单级拼配归堆,在制品囤积时间短,既方便取料、减少作业反复,又能避免因简化工艺而造成"走料"或"屈料"。采用单级梯式付制技术,精制茶加工与拼配周期明显缩短,成本费用降低。

(2)三路取料分制:分路取料的目的在于根据各路茶的品质特征,分别采用相应的技术方法,有利于保证外销绿茶的质量规格,发挥原料茶的经济价值。茶叶精制普遍存在分路多、工序繁、反复多等特点,作业流程分支过细、筛号茶种类繁多,从而制约着加工的连续化、自动化。因此,首先要优化、合并工艺流程,将长身茶并入本身路,轻身茶归并于其来源路别,实行本身、圆身、筋梗三路分级提制,少做圆身路、做足本身路、做细筋梗路,并相应设置专机、专线,合并的支路茶虽然不设专路专线,但付制取料时有所区别,如本身路中包括对长身、轻身茶的不同处理等。因此,三路分级提制能够合理简化工艺流程、降低制茶成本、缩短精制耗时和加工周期。

(3)工艺优化组合:针对当前眉茶加工原料供应、成品需求的技术特性,1级以上高档毛茶原料采用生做熟取、生熟兼做,多做少切,可减轻茶物料炒车作业时与滚筒过多摩擦,增加面张茶、保护茶锋苗,减少短碎;1级以下毛茶原料一律熟做,复滚后茶条紧结光滑,付切量减少,本身茶提率增加,便于工艺流程的组合。做坯阶段,应用先圆后抖技术,可减少付切、付抖所造成的茶料短钝、断碎,减少茶叶与金属筛网的摩擦时间,消除磁性物的危害,提高精制作业工效。并且,实行一分(分号)、二撩(毛、净撩)、二抖(毛抖、紧门)、二扇(剖、精扇)、分散拣梗(机拣、色选)及炒车(补火、车色)等优化工艺新组合,减少作业反复,缩短加工耗时及加工周期。

(4)精茶拼配:通常1个加工周期制得的各种号头茶主拼相应级别的外销规格茶,并根据以后加工周期的半成品质量预测,可留用部分号头茶调剂后续精茶品质,并采用匀堆机对筛号茶进行清洁化拼配匀堆,精制成品茶及时装箱入库。采用精制优化工艺加工炒青毛茶,不走料、跑料、屈料,面张茶充足不短钝,商品茶匀齐不脱档,下段茶适中不粘盘,能实现精制取料多、周期快、质量好、费用省的加工目标。

(5)包装与贮藏:包装成品茶的感官、理化及卫生质量等指标均符合相关标准要求,并根据客户需求或国际惯例,委托拥有资质的社会机构进行检测,取得进口方认可的检测报告,才能出口外销。外包装容器须标示有关批号或唛号,便于仓储管理及成品召回。设置专用干燥、清洁卫生的半成品、成品茶仓库实行清洁化贮藏,在运输中防潮防污,杜绝贮运中造成有害微生物及化学制品的污染危害。

▶ 第二节　工夫红茶、红碎茶加工

中国是红茶生产的发祥地,早在16世纪末就发明了红茶制法。最初的红茶生产始于福建崇安(今武夷山市)的小种红茶,逐渐演变成工夫红茶;20世纪20年代,又将茶鲜叶切碎加工成红碎茶。工夫红茶居我国红茶生产的主导地位,根据产地分有云南滇红,安徽祁红,湖北宜红,江西河红、宁红、浮红,四川川红,浙江越红,湖南湘红,广东粤红和英红,福建

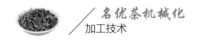

闽红,江苏宜兴红茶等;按茶树品种分有大叶工夫和中小叶工夫。

一 工夫红茶初制

根据鲜叶原料的加工特点与红茶品质需求,科学选配设备,优化工艺流程及关键技术,实现红茶加工中工艺与设备的紧密协同。

1.机械化初制工艺流程

鲜叶、萎凋、揉捻、发酵、初烘、摊凉、毛火(复烘)、摊凉回潮、足火(足烘)、毛茶。

2.机械化初制关键技术

(1)萎凋:萎凋的目的是使鲜叶散失水分,减少细胞张力,使叶片柔软,便于揉捻成形。同时,提高叶细胞酶活性,促进叶绿素降解、糖类和蛋白质水解,增加水溶性、游离态物质,为形成红茶色香味品质奠定物质变化基础。工夫红茶的萎凋方式主要有自然萎凋、热风萎凋、空调萎凋及光补偿萎凋等。当前,大都采用萎凋槽进行热风萎凋,应掌握萎凋进程中的温度(热量)、风力、摊叶厚度、翻叶匀叶、萎凋程度等关键技术,萎凋后期,要避免高温,防止叶子失水过快,芽尖、叶缘枯干。

萎凋槽进风口温度应控制在35℃左右,摊叶厚度为10~15 cm,含水率较高的嫩叶薄摊,老叶稍厚摊;雨水叶、露水叶薄摊;每间隔1 h停机均匀翻叶1次,耗时约4 h。且先吹冷风,吹干叶子表面水后再供热风。采用10型热进风萎凋槽进行加温萎凋时,风机动力为2.8~3.0 kW,风力范围(出叶口)的风量为260~320 m³/min、风速为4~6 m/s。萎凋风力低,热量积聚较大,散热慢,叶温较高,摊叶应稍薄或增加翻叶次数。空调萎凋指萎凋室内使用空调器进行调温、除湿机控湿萎凋,萎凋环境温度控制在25~30℃、相对湿度为70%~80%;室内自然萎凋大都与日光萎凋、空调萎凋结合进行,采用摊青架立体平铺。萎凋适度为萎凋叶含水率在55%~60%,叶片柔软,手握成团,松手不易弹散,茎梗折而不断,叶色由鲜绿变为暗绿、失去光泽,青气减退、透出清香。

（2）揉捻:揉捻通常没有外热作用属于冷做形,茶叶揉捻时适度破坏叶细胞、茶汁外溢而使茶叶卷曲成条、塑造形状,加速多酚类物质的酶促氧化。装满茶料的揉桶在揉盘内做水平回转,桶内茶坯受到揉桶盖的压力、揉盘的反作用力、棱骨的揉搓力及揉桶的侧压力等,使茶叶揉捻成条,并使部分叶细胞破碎,茶汁外溢,达到揉捻的目的。红茶揉捻不但要求揉捻叶具有较高的细胞破损率,而且尽可能保持揉捻叶的完整性,以便塑造出匀齐的茶叶外形。红茶初制大都采用55型、65型揉捻机,投叶量以疏松、装满揉桶为宜,揉捻时间为80~90 min。先空揉40 min,再每隔10 min持续加压,中途不减压,加压方式先轻后重,最后松压匀条下机。揉捻程度表现为芽叶紧卷成条,无松散折叠现象,手紧握茶坯时有茶汁向外溢出,松手后茶团不松散,茶坯局部发红,有较浓的青草气味,细胞破损率在80%以上。

（3）发酵:红茶初制大都采取专用发酵室,内设发酵架,每架设8~10层,每层间隔25 cm,内置可移动的发酵盒,发酵盒高12~15 cm,发酵叶摊厚8~10 cm;使用发酵盒时,发酵叶不能装满压紧,装九分满,呈蓬松状。使用蒸汽发生炉提供蒸汽来加热供湿,调控发酵室的温湿度,发酵时控温在28~30℃、相对湿度90%~95%,发酵时间为2~3 h,中途翻拌1次,保证供氧充分,使之均匀发酵,避免出现花青、暗条,发酵程度为嫩茎泛红色,叶色由黄绿转成黄红,青草气消失,透出花果香。

红茶连续化加工生产线采用红茶自动发酵机,物料经链斗输送机提升至往复运动的铺叶输送机,铺叶输送机及时将物料均匀地铺放到发酵机最上层的网带,网带上方的匀叶器使物料厚度更加均匀一致。机组通过电气控制箱的协调操作,实现物料摊放厚度、温度、相对湿度及时间的有效控制。自动发酵机采用分层网带式输叶和宽链轮轨道支承传输,分层供湿,保证箱体内湿度均匀,网带输叶过程中挂叶留叶量较低。输叶

网带采用宽链轮轨道支承传输,运行稳定且负载力强。箱体内温度设置为28~30℃,上高下低,湿度为90%~95%,摊叶厚度为13~15 cm,发酵时间为120~180 min。

(4)干燥:红茶干燥的目的是利用高温终止酶促氧化,蒸发水分,紧缩条索,塑造外形,焙制香气。多酚类物质的水溶性氧化产物主要是茶黄素、茶红素和茶褐素,三者比例协调对红茶的色、香、味及综合品质起着决定性的作用。

①初烘:采用100型动态干燥机或6CH 16型、20型自动链板烘干机高温快烘脱水,热进风的风量为130~150 m³/min、风速为2.8~3 m/s、风温为110~120℃,初烘时长8~10 min,使茶坯水分含量降低至30%~35%,手捏茶坯较黏手为适度。高温能使氧化酶产生不可逆热变性,干燥初期,叶温快速升到80℃以上,酶处于热变性状态,催化功能停止,形成不可逆的热变性,酶的生物学特性终止。红茶初制中初烘程度偏轻,酶性反应及湿热作用较强,茶汤收敛性减弱,初烘程度偏重易造成急火或高火,不利于后续的足烘焙香。

②毛烘(复烘):大都采用6CH 16型、20型自动链板烘干机,复烘温度为90~100℃,时间为12~15 min。毛烘热进风的风量为130~150 m³/min,风速为2.8~3 m/s,风温为90~100℃,摊叶厚度为2~3 cm,烘至七八成干,茶坯含水率在15%~20%,叶条基本干硬,嫩茎稍软。

③足烘:大都采用6CH 16型、20型自动链板烘干机。毛烘茶坯下机后进入摊叶回潮机进行快速风冷散热,摊凉回潮约60 min后,进入足烘工序。足烘热进风的风量为80~100 m³/min,风速为1.2~1.5 m/s,风温为70~80℃,摊叶厚度为4~5 cm,耗时15~20 min,烘焙至含水率在6%~7%。

二 工夫红茶精制

红茶精制主要是外形物理性状的变化,通过筛分、风选、拣剔等工序,实现分号、除杂、拼配,形成规格、匀净的精制茶品质特征。根据原料茶的加工与品质特点,系统应用了光电色选与精制优化工艺,对常规制茶设备实施清洁化改型、联装,解决了传统红茶加工中提质与提效的协调性难题。光电色选技术不但除杂效果好,还可简化、优化精制工艺,减少了反复切、抖、撩等筛制作业,避免茶叶过多的断碎、短钝,节省大量劳力成本和设备动力耗费。

1.机械化精制工艺流程

二级及以上毛茶:初分(滚筒圆筛)、毛抖、分筛(平面圆筛)、紧门、毛撩、剖扇、净撩、机拣、精扇、光电色选、补火、清风、匀堆、成品。

二级以下毛茶:复火、初分(滚筒圆筛)、毛抖、分筛(平面圆筛)、剖扇、紧门、撩筛、精扇、光电色选、补火、清风、匀堆、成品。

2.机械化精制关键技术

(1)毛茶定级与付制:红毛茶大都老嫩不匀、大小混杂,为充分发挥原料茶的经济价值,达到多提、多制高档茶的目的,可以适当放宽毛茶加工等级标准和定级归堆的下限,一般可比毛茶标准样低1~2等。红毛茶按加工等级付制,实行单级付制、单级回收,付制顺序从高级别到低级别。不入本级的茶料,可以上拼或下移。特级、壹级、贰级茶等高档茶保持生熟兼做,毛茶头、毛抖头等头子茶复火熟做,筛下茶生做,以保护茶锋苗、减少断碎。二级以下毛茶采取复火熟做,因为中档毛茶的大小比较混杂,入库毛茶的含水率较难达到均匀一致,入库堆放一段时间后,叶身较软,散落性较差,筛分效果不理想,复火熟做可以改善筛分效果,有利于取料加工。

(2)红茶分路取料:单付单收方式改变了以往红茶精制单级多批、单等交叉等传统付制方式,解决了毛茶归堆库容紧、在制品囤积多、付制批次多、加工周期长等方面的瓶颈难题。单级付制单级收回是指1个加工周期1个批次,每批单个级别,单级单收对原料的调配,要求根据毛茶原料的供给状况，每批原料茶付制过程中对不同季节、产地的单级茶进行搭配调剂，以减轻成品茶拼配工作量，在制品囤积时间短，既方便取料、减少作业反复，又能避免因简化工艺而造成走料或屈料。同时，优化、合并工艺流程，将长身茶并入本身路，不单做细取筋梗茶，实行本身、圆身、轻身三路分级提制。少做圆身路、做足本身路、做细轻身路，并相应设置专机、专线，合并的支路茶虽然不设专路专线，但付制取料时有所区别。

（3）筛分与风选：采用滚筒圆筛机初分大小，筛下茶接续毛抖工序，筛上茶经滚切后再上滚筒圆筛。头子茶拼入下一级毛茶。使用单层抖筛机进行毛抖，筛网配置为特级配12孔，壹级配11孔，贰级配10孔，3级、4级配9孔筛，5级配8孔筛。毛抖头付切2~3次，头里头茶拼入下一级别，筛下茶取为本级茶。采用平面圆筛机进行分筛作业，分离长短，确定多个筛号茶，便于精制取料，筛网配置为第一次分筛配5孔、6孔、7孔、9孔4面筛，9孔底茶再配8孔、10孔、12孔、14孔4面筛进行第二次分筛。采用双层抖筛机进行紧门，使各筛号茶的粗细基本一致，以达到级别茶的规格要求，配筛应比毛抖紧0.5孔或1孔，紧门头子茶归圆身路加工，8孔筛以下的小号头茶一般不过紧门。采用高转速平面圆筛机进行撩筛，目的在于撩头割脚、细分长短，便于精扇作业、分路分级取料，因撩筛机转速较快，要保证作业过程中的投料均匀；从小号头茶开始付撩，撩头单独进行二次付撩，投料略减；二次撩头归并处理，筛下茶上并复撩，以此来达到去梗的目的，挫脚下并重撩；5孔筛撩头需经付切后再撩，其头里头茶交本级圆身路处理。采用吸风式风选机进行剖扇和精扇，剖扇风选力度宜偏轻，应确保正子口不含有正茶，并尽量扇去茶片、毛衣及其他轻飘物质，以利于紧门作业及后续其他作业；经过反复筛分的号头茶，其长短粗细可达到基本一致，精扇的目的经风选分路取料可分清等级，正口取做本级本身茶，正子口取做本级轻身茶，轻身路茶因有细嫩叶夹在其中，因此需细取精做，以防止"跑料"。

(4)拣剔与补烘:拣剔的目的是去除茶梗、乌丝梗、红筋等夹杂物,以提高精茶的净度。5孔、6孔筛的面张茶,在机拣时应当先松后紧,并需付拣2~3次。目前,在红茶精制中系统使用色选机拣剔茶梗等夹杂物,色选工艺要求:高档茶一次净梗、二次净茶,茶中取梗;中档茶一次净茶、二次净梗,梗中取茶。红茶色选不但除杂效果好,还可简化、优化精制工艺,减少了反复筛制,达到了拣剔质量高、工效高、制提率高、制茶成本降低的目的,基本取代了原先的机械拣梗和手工拣梗。红茶精制中的生熟兼做或复火熟做,红毛茶虽大多经复烘作业,但精制过程不可避免地会吸潮变软,仍需补烘、焙香,补烘后还需进行清风作业,以扇去尚存的茶片、茶末等轻质茶。

(5)拼配与匀堆:单级付制、单级回收的本级各路号头茶,其质量档次落差较大,因此,精茶拼配时要以本身茶为基础,对照加工标准样适当拼入其他各路别的筛号茶。另外,根据质量档次还可以提取少量优质次级筛号茶上提并入本级,以调剂成品茶的品质,弥补单级回收的不足。补火清风后应立即拼配匀堆,以免再度受潮。匀堆之前,首先要拼配小样,比对标准样或参考样,以本身茶为基础,适当调剂拼配。参照小样的号头茶比例,将各筛号茶分层交叉混合进行匀堆。此外,批量较大的加工企业,除一个加工周期制得的各号头茶主拼之外,根据续后加工周期的半成品质量预测,可留用部分号头茶调剂下批精茶品质(图4-1)。

图4-1 祁红礼茶(天之红祁红 提供)

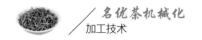
三 红碎茶加工

不同地域和品种的红碎茶品质有较大差异,大叶种红碎茶颗粒紧结重实、有金毫,色乌润;香气高锐,汤色红艳,滋味浓强。中小叶种红碎茶颗粒紧卷,色乌润或棕褐;香气高鲜,汤色红亮,滋味鲜爽,浓强度不足。1964年,选设在云南勐海、广东英德、四川新胜、湖北芭蕉、湖南瓮江、江苏芙蓉等6个茶厂布点加工红碎茶。1967年,外贸部主导制定4套、28个标准样:第一套8个标准样适用于云南大叶种红碎茶;第二套7个标准样适用于广东、广西、四川等除云南大叶种外的大叶种红碎茶;第三套7个标准样适用于贵州、四川、湖北、湖南局部中小叶种制成的红碎茶;第四套6个标准样适用于浙江、江苏、湖南、安徽等小叶种制成的红碎茶。

1.传统制法

最早的红碎茶加工方法,萎凋叶采用平揉、平切,后经发酵、干燥制成。产生叶茶、碎茶、片茶、末茶4种产品,各套花色品种齐全。该产品外形美观,但成本较高,质量不突出,目前仅用于生产深加工专用原料茶。

2.转子制法(洛托凡制法)

采用转子揉切机切碎萎调叶。该方法于1970年先后在英德茶场、宜兴芙蓉茶场等茶场率先使用。先平揉后切碎,将原料叶进卧式揉捻机"打条",再经转子机切碎,可联装成自动流水线。转子制法所制的红碎茶,有叶茶、碎茶、片茶、末条4类产品。其中,碎茶外形紧卷呈细颗粒状,重实匀齐,色泽乌润或棕黑油润,内质汤色红亮,香气较浓鲜。该类茶除外形美观和色泽乌润之外,内质浓强度不足。

3.C.T.C制法

揉切采用C.T.C切茶机制成红碎茶。C.T.C切茶机由英国人W.Mck-ercher于1930年发明。20世纪70年代末,我国开始制造C.T.C切茶机。C.T.C红碎茶无叶茶花色,碎茶结实呈粒状,色棕黑油润,香浓强鲜爽,汤色红艳,叶底红亮。

4.L.T.P制法

使用劳瑞式(Laurie Tea Processer,L.T.P)锤击机切碎的红茶制法。
L.T.P茶机结构主要由机芯、机座和传动三部分组成,机芯主轴以2 300 r/min
高速旋转进行锤切作业。当萎凋叶进入机腔破碎区后,受40组刀锤片强
烈的锤切而被击成粉末状,并在机腔内旋转形成胶结颗粒后喷出机腔。
L.T.P红碎茶无叶茶品类,碎茶颗粒紧实匀齐,色泽棕红、欠油润,香气鲜
爽欠浓。

5.洛托凡+C.T.C制法

采用洛托凡机和C.T.C机联装。萎凋叶进入洛托凡机,在绞切、挤压
等多种机械力的综合作用下被切碎,再进入3台串联的C.T.C机,最后形
成小颗粒状红碎茶。

6.L.T.P+C.T.C制法

采用L.T.P机切碎萎凋叶,下机后进C.T.C机,再经撕、压、挤的作用,
增加碎片中细胞的破损程度。浓强度方面有较明显提高,外形颗粒茶增
多,色泽上略有改善,适用于中小叶种原料加工红碎茶。

▶ 第三节 黄茶、白茶、青茶、黑茶加工

一 黄茶加工

黄茶加工与绿茶相似,"闷堆渥黄"是黄茶制法的独特工艺。现有揉
前堆积闷黄和揉后堆积或久摊闷黄(湿坯闷黄)、初烘后堆积闷黄和复烘
时闷黄(干坯闷黄)等方式,安徽六安黄茶以干坯闷黄为主。黄茶按鲜叶
的嫩度和芽叶的大小,分为黄芽茶、黄小茶和黄大茶3类,具有黄叶黄汤、

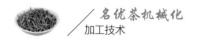
甘香浓郁、汤色杏黄明亮、滋味浓醇回甘的品质特点。黄芽茶采摘单芽或一芽一叶制成,主要有安徽霍山的"霍山黄芽"、湖南岳阳的"君山银针",四川雅安的"蒙顶黄芽"、浙江德清的"莫干黄芽"等。黄小茶为采摘细嫩芽叶制成,主要有湖南岳阳的"北港毛尖"、湖南宁乡的"沩山毛尖"、湖北远安的"远安鹿苑"和浙江温州的"平阳黄汤"。黄大茶为采摘一芽二、三叶至一芽四、五叶为原料制成,主要有安徽六安的"皖西黄大茶"和广东韶关、肇庆等地的"广东大叶青",其中,独具"锅巴香"的"六安黄大茶"销往山东莱芜等地,享誉为"老干烘"。

1. 黄芽茶加工

(1)机械化加工工艺流程:摊青、杀青、做形、摊凉、初烘、闷黄、复烘、堆放、足烘。

(2)加工关键技术。

杀青:鲜叶进厂后,根据天气、鲜叶含水量等情况薄摊至散发青草气和表面水分,待芽叶发出清香。机械杀青温度为260~220℃,炒至芽叶柔软,叶色深绿,青气散失,至茶坯含水率在55%~60%为适度。

做形:锅温110~130℃,采用往复式理条机理条、整形,炒至茶芽挺直略扁,芽叶并拢,发出清香,至茶坯含水率在45%~50%为适度。

初烘:做形后及时摊凉约30 min。机械初烘主要是快速散失少量水分,烘至茶叶稍有刺手感,含水率在40%~45%为适度。

闷黄:初烘后的茶叶,趁热闷黄,闷黄环境温度为30~35℃,空气相对湿度为75%~80%,闷黄8~10 h,至叶色嫩茎微黄,香气显露。

干燥:机械复烘温度为85~95℃,摊叶厚度为2.5~3.5 cm,时间8~15 min,烘至含水率在10%~15%。堆放是黄芽茶黄叶黄汤品质形成的延伸,自然堆放厚度为28~32 cm,时间2~3 d,至茶色为微黄润泽。足烘温度在60~70℃,烘至手捻茶叶成碎末,茶叶含水率在5%~6%。

2. 黄小茶加工

(1)机械化加工工艺流程:摊青、杀青、揉捻、初烘、闷黄、复烘、回潮、足烘。

(2)加工关键技术。

杀青:机械杀青温度为260~240℃,至叶质柔软、叶色暗绿、清香显露,含水率在50%~55%。

揉捻:大都采用45型揉捻机,至茶叶成条率在90%以上。

初烘:机械初烘温度120~110℃,烘至茶叶稍有刺手感,含水率在40%~45%为适度。

闷黄:初烘后的茶叶趁热闷黄,闷黄环境温度为30~35℃,空气相对湿度为75%~80%,时间20~30 h,直至叶色嫩茎微黄,香气显露。

干燥:复烘温度为85~95℃,烘至含水率在10%~15%时,摊凉30~40 min后进行足烘。足烘温度为70~80℃,烘至茶叶手捻成碎末,茶香浓郁,茶叶含水率在5%~6%。

3. 黄大茶加工

(1)机械化加工工艺流程:摊青、杀青、揉捻、毛烘(初炒)、闷黄、复滚(拉小火)、回潮、足烘(拉老火)。

(2)加工关键技术。

杀青:进厂鲜叶及时摊放,至叶色稍暗绿。采用6CS 70型或80型滚筒连续杀青机,温度为280~260℃,至叶梗变软,散发青香,含水率在50%~55%。

揉捻:采用6CR 55型或65型茶叶揉捻机,揉捻至成条率在75%~80%,手握叶子有黏手感,叶团不散。

毛烘(初炒):采用6CCT 80型滚筒连续炒干机或6CCP 110型瓶式炒干机炒坯,机显温度设定约180℃。滚筒滚坯时间3~5 min;或瓶式炒干机炒坯时间10~15 min;烘至茶坯含水率在30%~40%。

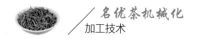
闷黄：毛烘叶趁热堆闷，空气相对湿度为75%~80%，自然堆放厚度95~105 cm，堆闷5~7 d，至叶色变黄、茶香显露。

复滚（拉小火）：采用80型滚筒连续炒干机或110型瓶式炒干机，机显温度设定为170~150℃。滚炒时间3~5 min；或瓶式炒干机滚炒时间10~15 min；炒至茶坯含水率在10%~15%，下烘摊凉回潮30~40 min后再拉老火。

足烘（拉老火）：大都采用110型瓶式炒干机炒干，机显温度为210~190℃，滚至足干，茶梗折之即断，茶叶手捻即成碎末，梗心起泡呈菊花状，金黄色，梗有光泽，并发出浓烈的高火香，茶叶上霜，茶叶含水率在5%~6%。

二 白茶加工

白茶是我国特有的茶类，茶鲜叶经萎凋和干燥两个工序制成，白茶加工流程中不揉、不炒，进行缓慢的自动氧化，保持茶叶原有的白毫、形态和品质。白茶色泽银白、满披白色茸毛，冲泡后叶形舒展，汤色黄亮，滋味鲜醇。按鲜叶采摘的标准可分为芽茶和叶茶。《白茶加工技术规范》（GB/T 32743）明确规定：白茶是采用适制品种茶树的芽、叶、嫩茎，经过萎凋、干燥、拣剔、拼配、匀堆、复烘等工艺（不包括揉捻）制作而成的具有特定品质特征的茶叶。适制品种主要有福鼎大白茶、福鼎大毫茶、政和大白茶、福安大白茶、福建水仙、福云六号等，以及菜茶群体种，菜茶种芽头比较细小，制成白茶后，形似白眉，俗称"小白"。白茶品质特点：芽叶完整，形态自然，白毫不脱，清淡回甘，香气清鲜，滋味甘醇，毫香显露，汤色杏黄，持久耐泡。

1.加工工艺流程

分为初制工艺流程和精制工艺流程。

（1）初制工艺流程有3种，分别是自然萎凋加工工艺流程（鲜叶、自然萎凋、干燥、毛茶),加温萎凋加工工艺流程(鲜叶、加温萎凋、干燥、毛茶),复式萎凋加工工艺流程(鲜叶、自然萎凋、加温萎凋、干燥、毛茶)。

(2)精制工艺流程:毛茶、拣剔、拼配、匀堆、复烘、包装、成品茶。

2.白茶分类和加工关键技术

白茶的产品分类:根据鲜叶原料不同,白茶分为白毫银针(芽形)、白牡丹(芽叶形)、贡眉和寿眉(叶形)。白毫银针的原料为单芽和一芽一叶的嫩芽连枝全采后的"抽针";白牡丹的原料为一芽一叶至二叶;贡眉的原料为一芽二叶至三叶;寿眉的原料为二叶至四叶带驻芽嫩梢或叶片。紧压白茶以白茶为原料,经整理、拼配、蒸压定型、干燥等工序制成的产品;紧压白茶根据原料要求的不同,分为紧压白毫银针、紧压白牡丹、紧压贡眉和紧压寿眉。

萎凋:"自然萎凋"是指采用日光或无日光萎凋交替进行萎凋的萎凋方式;"加温萎凋"是指采用室内加温控温进行萎凋的萎凋方式;"复式萎凋"是指自然萎凋和加温萎凋交替进行的萎凋方式。萎凋帘摊叶厚度为2~3 cm,萎凋槽摊叶厚度为15~20 cm。春茶自然萎凋温度为15~25℃、夏秋季温度为25~35℃,萎凋时间宜控制在36~50 h。加温萎凋室内温度为25~35℃,加温萎凋和复式萎凋的时间控制在30~40 h。萎凋叶含水率在20%左右为适度,可适时烘干。

干燥:烘干温度为90~80℃,先高后低,干燥2~3次,每次温度相对平稳。芽形白茶的毛茶含水率掌握在8%以下,芽叶形和叶形白茶的毛茶含水率掌握在8%~9%。初制工艺中是否采用日晒萎凋不能作为白茶的判断标准;传统工艺日晒白茶,具有较鲜明的口感特点。

精制:对所制成或进厂白茶毛茶进行全面品质审评,对照加工级别标准,确定加工和拼配级别,要先进行毛茶原料拼配,再进行筛分、风选、拣剔等作业,内外品质兼顾,以嫩度、色泽、形态为主,按季节、分区域拼堆。

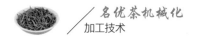

复烘:白毫银针(芽形白茶)复烘温度为80~85℃,白牡丹(芽叶形白茶)复烘温度为90~100℃,贡眉和寿眉(叶形白茶)的复烘温度为100~110℃。复烘时间为10~15 min,烘至含水率在5%~6%。复烘后的白茶要趁热包装,要求动作轻柔,使用"三倒三摇"法、分层抖动,不得重压。复烘工艺是白茶加工中特别重要的环节。白茶复焙工艺有利于固定复烘前白茶已形成的香气、滋味、色泽,去除多余水分,促使茶叶内含物质发生热化学反应。白茶可以长期储存,经过适度贮藏的白茶品质风味更具特色,白茶产品应在包装状态下贮存于清洁、干燥、无异味的专用仓库中。

三)青茶(乌龙茶)加工

青茶,又称乌龙茶,经适度萎凋、做青(晾青、摇青)、杀青、揉捻(或包揉)、干燥等独特工艺加工而成的、具有特定品质特征的茶类。乌龙茶为中国特有的茶类,主产于福建省的闽北、闽南及广东、台湾等省。乌龙茶品质特点:汤色黄红,香气浓醇而馥郁,滋味醇厚,鲜爽回甘,叶底边缘呈红褐色,中间部分呈淡绿色,形成奇特的"绿叶红镶边"。代表性名茶主要有福建省武夷岩茶(闽北乌龙茶)的肉桂、水仙、大红袍等;闽南乌龙茶的安溪铁观音、黄金桂等,永春佛手,平和白芽奇兰,漳平水仙等;广东省潮州的凤凰水仙、凤凰单枞、岭头单枞等,以及中国台湾地区的包种茶、冻顶乌龙等。

1.加工工艺流程

(1)初制工艺流程:鲜叶、萎凋、做青(晾青、摇青)、杀青、揉捻(包揉)、干燥、毛茶。

(2)精制工艺流程:毛茶、拣剔、筛分、风选、拼配、烘焙、成品(拼配)、包装。

加工设备与机具主要有晾青机具、做青机具、杀青机具、包揉和松包造型机具、烘干设备、精制设备等。

2.加工关键技术

(1)鲜叶要求:春秋茶宜采小开面至中开面、大开面的新梢2~4叶,以2~3叶为宜,夏暑茶可适当嫩采,采青应肥壮、完整、新鲜、均匀。

(2)萎凋:自然萎凋是将鲜叶薄摊于竹筛、垫布及其他器具上,静置于室内,酌情翻动2~3次,使萎凋均匀一致。萎凋时间为3~6 h,视季节、品种、地区实际情况而定,鲜叶失水率控制在10%~15%。日光萎凋(晒青)是将鲜叶直接薄摊在晒青场所的竹席、晒青布及其他器具上,摊叶厚度为2~4 cm。利用早上或傍晚的阳光进行日光萎凋,日光萎凋时间为15~60 min,视实际情况而定。晒青可进行2~3次的翻晒,并结合晾青,使鲜叶失水均匀一致。萎凋至叶面失去光泽,叶色转为暗绿,顶叶稍下垂,梗弯而不断,手捏有弹性,散发出微青草气。鲜叶失水率控制在10%~15%。控温萎凋又称加温萎凋,适用于阴雨天采摘的鲜叶,风温40℃以下,或环境温度控制在26~28℃为宜,叶温不超过30℃,摊叶厚15~20 cm,每10~15 min翻动1次,时间1~2 h,鲜叶失水率控制在15%~25%。

(3)做青:摇青视季节、品种、地区实际情况而定。闽南乌龙茶适当轻摇;闽北、广东乌龙茶适当重摇;闽南乌龙茶摇青3~4次,历时12~18 h,晾青间适宜温度为18~23℃,相对湿度为65%~75%;闽南乌龙茶和广东乌龙茶的摇青一般为4~5次,历时10~12 h,摇青、吹风和静置交替进行,每0.5 h吹风1次。摇青时间先少后多,并根据气候、季节、嫩度及产品不同风格灵活掌握。做青适度为做青叶色转为暗黄绿,叶面略有皱纹,叶梗柔软,稍有弹性,青气消失,散发清香,夹有水果甜香。

(4)杀青:做青叶应及时杀青,闽南和闽北乌龙茶的机械杀青适宜温度为220~280℃,广东乌龙茶的杀青温度为180~260℃,时间应控制在10 min内,至叶色转暗,手捏有黏稠感,茶坯含水率控制在40%~60%,视实际情况而定。杀青叶应及时摊凉,散发杀青叶的水汽。

(5)揉捻(包揉):杀青叶摊凉后应及时揉捻,使揉捻叶发生皱褶,卷曲成条。颗粒型乌龙茶需进行包揉工序,有包揉(压揉)、松包解团、初烘、复包揉(复压揉)、定型的工艺组合。包揉使用包揉机、速包机和松包机配合反复进行,历时3~4 h。

(6)干燥:烘干温度为85~120℃,烘0.5~3 h,至含水率为5%~6%。

(7)烘焙:经过精制整理后的乌龙茶,可采用电热控温烘焙机、链板式烘干机等进行烘焙提香。

(四)黑茶加工

黑茶属于后发酵茶,主体变化为微生物发酵产生多元酶类及其水解或氧化作用与热化学反应,基本工艺为杀青、揉捻、渥堆、干燥,其中渥堆是决定黑茶品质风格的关键环节。黑茶产量较大,仅次于绿茶、红茶,曾经以边销为主,又称边销茶。黑茶原料成熟度较高,加工过程中往往堆积时间较长,从而叶色墨黑或黑褐,故称黑茶。黑茶因产地和工艺上的差别,主要有云南普洱茶、湖南黑茶、湖北老青茶、四川边茶、广西六堡茶、泾阳茯茶、安徽安茶等。黑茶大都压制成砖茶、饼茶、沱茶等紧压茶。

1.普洱茶加工

晒青毛茶加工:鲜叶摊青、杀青、揉捻、解块、日光干燥、晒青茶。

普洱茶(生茶)加工:晒青毛茶精制、蒸压成形、干燥、包装入库。

普洱茶(熟茶)散茶:晒青毛茶后发酵、干燥、精制、包装入库。

普洱茶(熟茶)紧压茶:普洱茶(熟茶)散茶、蒸压成形、干燥、包装入库。

普洱茶(生茶)紧压茶品质特征:外形色泽墨绿,形状匀称端正、松紧适度、不起层脱面;洒面、包心的茶,包心不外露;内质香气清纯、滋味浓厚、汤色明亮,叶底肥厚黄绿。在适宜的贮存环境下,普洱茶(生茶)感官及理化指标向普洱茶(熟茶)紧压茶的方向转化。

普洱(熟茶)紧压茶品质特征:外形色泽红褐,形状端正匀称、松紧适度、不起层脱面;洒面、包心的茶,包心不外露;内质汤色红浓明亮,香气独特陈香,滋味醇厚回甘,叶底红褐。

2.湖南黑茶加工

湖南黑茶成品茶包括"三尖""四砖""花卷"等系列。"三尖"(湘尖茶)指湘尖1号、2号、3号即"天尖""贡尖""生尖";"四砖"指黑砖、花砖、青砖和茯砖;"花卷"系列包含"千两茶""百两茶""十两茶"等。湖南黑毛茶经杀青、初揉、渥堆、复揉、干燥等5道工序而制成。黑毛茶内质要求香味醇厚,无粗涩味,汤色橙黄,叶底黄褐;分为4个级,一级茶条索紧卷、圆直、叶质较嫩,色泽黑润。

(1)"湘尖"茶是湖南黑茶的上品,包括天尖、贡尖和生尖("三尖"),由一、二、三级黑毛茶压制而成,其中,湘尖1号外形色泽乌润,内质香气清纯,滋味浓厚,汤色橙黄,叶底黄褐色。

(2)"黑砖"茶是一种砖块形的蒸压黑茶,以黑毛茶为原料,经称茶、蒸茶、预压、压砖、冷却、退砖、修砖、检砖等工序而制成。砖面色泽黑褐,内质香气纯正,滋味浓厚带涩,汤色红黄稍暗。

(3)"花砖"茶由"花卷"茶演变而来,花砖形状虽然与花卷不同,但内质基本接近。"花砖"由卷改为砖形,砖面四边有花纹,故名"花砖"。花砖的制作与黑砖基本相同,不分面茶和里茶混合压制,主体是三级黑毛茶和少量二级黑毛茶,经筛分、风选、拼堆等工序,制成半成品,再进行蒸压、烘焙、包装。

(4)"茯砖"茶以三级黑毛茶为原料,经过原料处理、蒸气沤堆、压制定型、发花干燥、成品包装等工序。茯砖茶外形为长方砖形,传统规格为35 cm × 18.5 cm × 5 cm。特制茯砖茶砖面色泽黑褐,内质香气纯正,滋味醇厚,汤色红黄明亮,叶底黑褐尚匀,独具金黄色的冠突散囊菌(俗称"金花菌"),金花菌越茂盛则品质越佳,内含丰富的营养元素,品质风味独特。

(5)"花卷"茶,又称安化千两茶,因一卷茶净重合老秤1000两(72.5市斤),故称千两茶。花卷加工采用优质黑毛茶为原料,使用棍锤筑制在长形筒的篾篓中,筑成圆柱形,竹篓或棕丝或棕叶三层包装捆扎,日晒夜露,高147 cm,直径20 cm,做工精细,品质优良。

(6)"青砖"茶采用黑茶原料生产,传统青砖茶规格有二四、二七、三六、三九、四九、六四等多种。

(7)加工关键技术:渥堆是形成黑茶色香味的关键性工序。渥堆要在背窗、洁净的地面,避免阳光直射,室温在25℃以上,相对湿度保持在85%左右。初揉后的茶坯,不经解块立即堆积,堆高约1 m,可加盖湿布,以保温保湿。渥堆过程中要进行1次翻堆,堆积24 h左右,至茶坯表面出现水珠,叶色由暗绿色变为黄褐色,带有酒糟气或酸辣气,手伸入茶堆感觉发热,茶团黏性变小,一打即散,即为渥堆适度。将渥堆适度的茶坯解块后,上机复揉,压力较初揉稍小,时间一般为6~8 min。下机解块,及时干燥。

黑茶加工主要工艺为杀青、初揉、渥堆、复揉、干燥、醇化、蒸压制、烘焙。紧压黑茶包括饼茶、沱茶、砖茶等品类;其中普洱茶七子饼357 g/饼、七块饼合计2.5 kg。湖北黑茶又称湖北老青茶,传统的主产地和集散地位于湖北省赤壁市,尤以羊楼洞和赵李桥茶厂最为知名。四川黑茶的南路边茶(藏茶),传统的"康砖"和"金尖"主要销往藏族区域;西路边茶主产地灌县、大邑,蒸压制成方包茶、圆包茶,主要销往西北地区。安徽祁门产的安茶,以洲茶为原料,采用独特的"露茶"工艺和竹箬包装,传统销区为广东沿海地区和侨销。小青柑(柑普茶)采用淘空的青柑果壳,填充散熟普洱茶,经特别烘焙制成。

第五章 茶叶加工设备

茶叶机械化加工可以有效减少人为因素造成的品质不稳定,并且工效高、成本低,已成为茶叶产业高效发展的基础支撑力。随着农村劳动力不断转移及生产成本控制需求增大,推动茶叶加工机械化进程尤为重要。茶叶机械化是茶叶科技物化、新技术应用的主要载体,先进机械制茶技术的普及,有利于促进茶叶科技成果转化和茶叶生产全程机械化。

▶ 第一节　名优茶加工设备

名优茶加工设备的开发正处于关键时期。针对名茶加工装备的集约化、专用化需求,正在不断研发各类名茶设备的仿生性能,将机械原理与制茶原理有机结合,实现制茶工艺与设备的紧密协同,达到高效节能、减振降噪的环保诉求,促进名优茶品类的差异化开发。

一　鲜叶贮青和处理设备

1.鲜叶贮青(摊青)机

鲜叶贮青机主要由上叶斜输机、摊叶主机(单层或多层)及供风加湿系统等部件构成,也有上叶斜输与往复行车布料相连接的结构,加湿系统多采用电极加湿器或超声波加湿器,以保障鲜叶贮青保鲜中的湿度和温度需求。多层鲜叶贮青机的输送带大都采用食品级塑胶网带,摊叶面积大都在50 m²以上,贮青箱体内多处装有红外感应探头,可保证贮青机的进叶和摊叶均匀。当自动输送带将鲜叶均匀地输送到贮青机内时,箱体底部多台微电脑自动控制的冷却风机便均匀地对鲜叶吹风,从而避免了鲜叶发热变质。风机自动启、停的间隔时间可任意设置,以满足不同类型鲜叶的摊青需求。单层鲜叶贮青机由贮青箱体、控温加湿装置、输送传动装置、自动控制装置等组成,其中60型贮青机主体的单层尺寸20 m×3.0 m×2.2 m(长×宽×高),一次贮青最大容量达6 000 kg;整机操作界面清晰简明,具有自动模式和手动模式。茶鲜叶从投入叶端进入料斗,经过摊叶匀叶器和吹风降温,通过鲜叶投入输送机、水平输送机、行走分配输送机将鲜叶按所选择的投入模式,逐层均匀地将鲜叶投入贮青箱体内各部位,当投叶累积高度达到设定的堆高要求时,光电感应器能检知鲜叶高度,行走分配输送机移动向茶青堆低的位置投送鲜叶。投送茶青和贮青过程中,自动控温加湿装置运行,将温度和湿度控制在一定的适宜范围内,保持良好的贮青保鲜条件。鲜叶下料输出或转入下道工序时,通过下料传送机,茶青输出终端自动输送出料进入下一道工序。

2.鲜叶保鲜库(柜)

鲜叶采收后,如果鲜叶持续积热或堆放时间过长,易导致茶鲜叶的失水变质、氧化红变,鲜叶内一部分有利于茶叶色、香、味品质形成的内含物质在贮青过程中激烈氧化而消耗,使鲜叶干物质损耗量增大,会导致鲜叶制率降低且品质下降,因此,收青进厂后要迅速降低叶温。有冷藏条件的茶厂,可将茶鲜叶移至冷藏库(柜)保鲜,装入透气、散热的纸箱或塑料箱中,不能用裸露的包装,以避免茶鲜叶在高风速、高风压的情况下失水过快。鲜叶冷藏保鲜库(柜)的规模由生产需求而定,冷藏温度在5~8℃,相对湿度80%~90%,鲜叶可以保鲜10~15 d,鲜叶冷藏贮青有利于缓解茶叶加工高峰期的原料拥堵,减少了生产车间设施和制茶设备的投资与占用。

3.鲜叶处理设备

茶鲜叶的处理设备主要包括鲜叶筛分机(分级机)、风选机、脱水机等。受采摘方式、工效的限制,茶鲜叶原料难免存在大小、嫩度不匀的现象,可选用鲜叶筛分机、风选机等设备适当筛选统货茶原料,分选鲜叶归类付制,以减轻茶叶加工难度,实现经济价值最大化。鲜叶筛分机分为滚筒式、抖筛式两种,"滚筒式"筛分机工效高、分级效果略差,"抖筛式"分级效果较好、工效略低且鲜叶易损伤。春茶季节雨水较多,雨水叶加工难度大,并会影响制茶工效及成品茶质量。因此,雨水叶可使用离心式鲜叶脱水机,将雨水叶装入纱布网袋放入转筒,经高速旋转脱离鲜叶表面水后,置于干净的竹帘上,通风摊薄,散失鲜叶水分,并保持勤翻、轻翻,及时付制。

二 杀青设备

杀青设备主要包括滚筒杀青机、热风杀青机、汽热杀青机、锅式杀青机、槽式杀青机及复合杀青机等,不同杀青机械对绿茶加工质量、工效的影响各有优劣。

1.滚筒杀青机

滚筒杀青机分长滚筒连续杀青机和瓶式杀青机等,转速为30~32 r/min,热源为柴、煤、电、气等。瓶式杀青机因出叶不净,基本被淘汰。滚筒连续杀青机有6CS 50型~100型等多种型号,是以翻炒为主,兼有蒸杀作用的高效率连续作业的杀青机,具有整体式结构;60型及以下安装轮子可移动,长柱形碳钢金属滚筒内装有3段不同角度的螺旋形导叶板(导箸),可起到进出叶导向、翻叶的作用,并可通过调节机构的倾斜角度来控制作业时间。电热滚筒杀青机按电热管的排布形式分为盆托固定式(分离式)或滚筒缠绕式(集电环一体式)两种,其中结构简化、安装简便的滚筒体与电热管分离的"盆托式"杀青机使用最为普遍,而使用导电碳刷的"缠绕式"杀青机,采用集电环形式,电热管包于杀青机筒体上与筒体一起旋转并配备补热风装置,能节电10%~20%,尤其适用于大筒径的杀青机。长滚筒连续杀青机具有叶温上升快、杀青均匀、能够连续作业及工效高的优点,应用最为广泛。滚筒杀青机筒体有直筒、锥筒之分,锥形筒体有利于排湿脱汽,由于设备制造难度和运行平稳等因素,60型及以上主要是直圆筒。滚筒杀青机所制的名优茶香高味醇,有利于绿茶品质形成与转化,缺点是杀青叶易黏附筒壁而产生焦边、焦叶,以及杀青时排湿不畅而造成杀青叶"闷黄"。名优茶杀青机械的选配取决于名优茶厂的产能设置,实践证明,操作得当的大口径杀青机工艺性能优于小口径杀青机(图5-1)。

图5-1　80型电热杀青机(春江茶机 提供)

2.电磁滚筒杀青机

电磁滚筒杀青机由电磁加热装置、温控系统、筒体倾角调整系统、筒体旋转承重分系统和排湿装置等构成。电磁加热作为一种新型加热方式,利用磁场感应涡流原理,采用高频电流通过电感线圈产生交变磁场和交变电流(涡流)使加热体原子高速无规则运动,互相碰撞摩擦而产生热能。由于是加热体自身发热,故电能转化为热能的效率较高,理论上可达95%,远超电阻加热方式37%的效率,并且电磁加热具有加热惯性小的特点,可相对精确地控制作业温度(图5-2)。

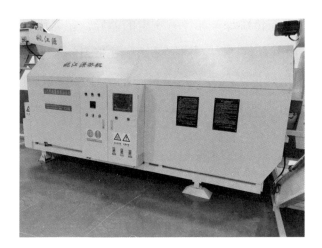

图5-2　电磁杀青机(姚江源茶机 提供)

3.热风杀青机

热风杀青机采用高温热风进行杀青,杀青匀、透,不焦边焦叶,杀青叶色泽翠绿。热风杀青通过高温热风与鲜叶接触,直接加热茶鲜叶,瞬间提高鲜叶温度而达到钝化酶活性的目的,所制的茶叶色泽翠绿,汤色碧绿,叶底嫩绿。热风杀青机近似于滚筒杀青机,但其滚筒一般不加热,热风在滚筒中间通过,鲜叶在筒中任何位置都能和热风接触进行热交换。高温热风杀青机组的各项设计指标基本符合绿茶加工品质的形成原理,比较适合烘炒型名优绿茶的机械化加工。热风杀青机的缺点是杀青叶失水过快、脱水过多,有"烘叶"现象,实践中要控制热进风的风速、风量及投叶流量,并在杀青之后配设摊叶设备进行较长时间的摊凉回潮。近年来,又研制出电辅热式热风杀青机和热进风电热杀青机等。

4.汽热杀青机

汽热杀青机与热风杀青机相似,均能瞬间杀匀杀透,快速彻底钝化多酚氧化酶活性。汽热杀青因蒸汽穿透力强,杀青时间短,能快速钝化各种内源酶的活性,减少叶绿素的破坏,使成品茶的汤色、叶底较绿亮;还能使茶多酚和酯型儿茶素的减量较少,氨基酸和糖类等水解产物较少。汽热杀青机有效地克服了滚筒杀青机容易产生焦叶起爆、黄变的缺陷,但香型、滋味与传统绿茶相比有一定的差异。在名优绿茶加工中,汽热杀青机应选用蒸青、脱水、冷却联合机组,由上、中、下三层传动网带与传动系统组成,上层网带前段为上叶段和杀青段,上层网带后段和中层网带为热风脱水段,下层网带为冷却段,能使杀青叶表面的水分得到快速散发,提高杀青效果(图5-3)。

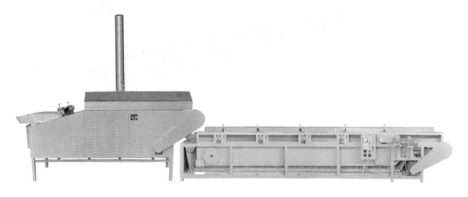

图5-3 蒸汽杀青机(珠峰茶机 提供)

5.锅式杀青机

锅式杀青机可达到高温抛杀、透杀的工艺效果,能够形成名优茶独特的品质特征,锅式杀青机原为机械杀青的主体设备,模仿传统的手工锅式杀青,后因出叶不净、工效不高、操作不便而逐渐被淘汰。采用锅式杀青机加工的名优绿茶,大都是具有传统生锅、熟锅工艺的名茶,如六安瓜片、霍山黄芽、信阳毛尖等。近年来,随着太平猴魁、六安瓜片等特种名茶机械化加工技术与设备研发的推进,炒手、锅体的改型已使锅式杀青机研制取得了较大突破。锅式杀青机的制茶工艺效果和制成茶叶的品质特点是其他机械无法比拟的,具有较为广阔的发展空间。

6.槽式杀青机

槽式杀青机因槽形锅体而得名,现主要指兼有杀青、做形功能的往复型多功能机和扁形茶炒制机等。往复型多功能机与往复理条机的结构原理基本相似,只是槽形锅略宽略深、热源功率更大。扁形茶炒制机有单槽和多槽之分,由槽形锅、摆动轴、炒手、翻板、热源及动力系统等组成,炒锅为底面呈圆弧状的长槽形,弹性耐热布制成的炒手捞叶、翻板,抖散茶料,炒手与槽锅间隙可调节运行,杀青时炒手不对茶叶施压,以翻炒为主,当鲜叶失水变软时慢慢施压,进入青锅做形步骤。单槽或多槽的第一槽均有杀青功能。生产中,往复型多功能机和扁形茶炒制机的杀青品质效果一般,原因是杀青未透即开始理条卷叶,容易造成茶料外熟内生,难以内外通透,干茶香气滋味生涩。

三 做形设备

1.揉捻机

揉捻机没有外热作用,属于冷做形设备,茶叶揉捻时适度破损叶细胞,茶汁外溢而使茶叶卷曲成条、塑造形状。揉桶内装满茶叶,揉桶在揉盘内做水平回转,桶内茶叶受到桶盖的压力、揉盘的反作用力、棱骨的揉搓力及揉桶的侧压力等,使茶叶揉捻成条。名优茶揉捻宜选用6CR 35型、40型、45型等机型,转速为50~55 r/min,底盘棱骨比大宗茶揉捻机稍稀、稍低,避免揉力过大而导致断碎多。在名优茶连续化加工生产线中,现已应用可实现自动称量、进叶、加(松)压及出叶智能控制的揉捻机组(图5-4)。

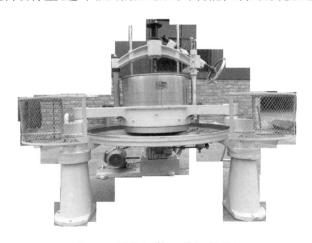

图5-4 揉捻机(春江茶机 提供)

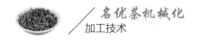

2.理条机

理条机由机架、锅体、热源装置和传动机构等组成,分为振动式往复理条机、阶梯式连续理条机等类型,通过理条做形的成品茶能够达到条索紧直、芽叶完整、锋苗显露、色泽绿润的要求。理条机多槽锅大都使用304不锈钢/06Cr19Ni10或碳钢薄板冲压而成,传动机构由电动机通过减速箱带动曲柄滑块机构运转,使炒叶锅在机架的轨道上做往复直线运动。多槽锅有"U"形和斜形两种锅形,茶叶运动轨迹的变化规律基本相同,茶叶在槽锅中受到摩擦、挤压和滚动的作用而变成直条状,主要是发生在茶叶与锅面接触的运动中。理条机通常配置的加压棒一般在耐热塑料管内灌黄沙,两端封死,外面紧包棉布制成。机器上装有热风吹送系统和变速机构,以便需要时向槽锅内适量鼓热风以增温排湿,并调节槽锅往复振动的频率。

常规的往复理条机适用于尖形茶、针形茶、扁形茶的理条、整形作业,既有人工洒料入锅、提锅出料的常用机型,又有自动上叶、下叶及全过程自动控制的新机型。现有12槽、13槽、14槽、16槽等多种型号,槽锅长度以60 cm、80 cm为主,单槽锅宽度为8~11 cm、槽锅深度为7~9 cm。往复运动频率为170~240 r/min,振幅偏心4~8 cm。阶梯式连续理条机采用长槽形锅倾斜配置,边振动边前行,自动上料、分料、出料,一般为2~3台联装配套。理条机大都采用槽锅下加热,能源以电、天然气或石油液化气为主,现已推出远红外上加热型理条机及上加热与下加热兼用型等新机型。两联装连续理条一体机一般为上14槽、下16槽,设备长度上槽1.8 m+下槽2.7 m。阶梯式连续理条机可与滚筒连续杀青机联装,能达到杀青后的快速理条拢条,较好地解决了滚筒杀青叶排列无序、可塑性差和老嫩程度不易掌握等问题,一般用于名优茶连续化生产时的辅助杀青理条(图5-5、图5-6)。

图5-5　往复理条机(丰凯茶机 提供)

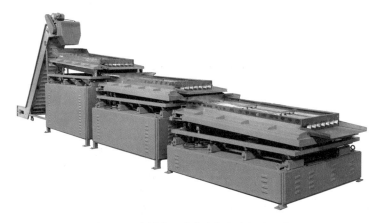

图5-6　阶梯式理条机(珠峰茶机 提供)

3.双锅曲毫机

　　6CCQ 50型、60型双锅曲毫炒干机主要适用于各类卷曲型、颗粒型名优茶的做形炒干作业,是84型珠茶炒干机的"名茶版",设有无级变速机构、不停机的调幅机构和强热风排湿结构。曲毫机炒幅为70°~90°,炒速为60~100 r/min。50型曲毫机初烘叶的投叶量为 3~4 kg/锅,生产率≥3.5 kg/h,60型曲毫机初烘叶的投叶量为4~5 kg/锅,生产率≥4.5 kg/h。曲毫机实现了冷做形的揉捻成条与热做形的卷曲成螺紧密融合,做形时曲轴炒叶板沿锅面往复摆动,使茶物料在往复摆动的翻炒中不断卷曲成形。生产中,揉捻叶经初烘失水至35%~40%时再进行曲毫做形为宜,应掌握双锅曲毫机的锅温、投叶量及炒幅控制的协同性,可采用"初炒+回潮+复炒"的工艺组合,关键控制点是避免翻炒时排湿不畅导致的"水闷气"和高温粘锅导致的"起泡"或"焦煳"。所制成的茶叶具有条索紧结、卷曲显毫、色泽翠绿、香高味浓等品质特点(图5-7、图5-8)。

图5-7　双锅曲毫机(珠峰茶机 提供)

图5-8　双锅曲毫机(松萝茶业 提供)

4.扁茶炒制机

扁茶炒制机适用于扁形名茶(龙井茶)杀青、理条、压扁、辉锅等作业,大都以槽锅配制长度确定型号。制成的茶叶具有条索紧结、扁平挺直、色泽绿润的品质特点。扁茶炒制机的炒手和压茶板能够进行升降运动,茶叶在炒手的推动下,使茶物料加热、受压而渐成扁形,压茶板的升降运动能产生如手工制茶一样的推、捺、揿、压等作用。扁茶炒制机主要有单槽和二槽、三槽、四槽等机型,多槽式炒制机每条槽锅体温度、炒板压力呈梯级设置,较适宜于连续化加工中的应用。全自动扁形茶炒制机主要适用于扁形茶(龙井茶)的加工炒制,炒手速度为25~33 r/min,炒锅规格为25 cm × (80~100)cm(宽 × 长),全部锅体采用不锈铁材质。单台机器能够自动实现茶叶的杀青、理条、压扁、磨光等炒制流程,并实现自动控温、进茶、加挡、出茶。手动操作炒制一次,电脑程序能自动记忆整个炒制过程,之后电脑可以模仿上次的炒制流程,从而可以重复、循环地进行炒制,因此能实现全自动的整个炒制过程。若学习炒制不够理想,则可以再次炒制,炒制机内置芯片可以保存多个炒制程序。在自动炒制过程中,可以根据需要调节主轴的旋转圈数、炒制温度、炒制压力、上叶数量等各类参数。多槽扁茶炒制机实现了茶鲜叶在多个炒锅之间自动传输,杀青锅专门用于茶叶杀青,压扁锅专门用于茶叶压扁等,并可对不同炒制流程(多个炒锅)设置不同的温度、压力,可以避免因升温、降温不及时而对茶叶质量造成影响(图5-9)。

5.滚筒炒坯机

滚筒炒坯机有长滚筒连续式和短滚筒瓶式等机型,筒体有直圆筒、锥体圆筒、六角筒或八角筒等,主要用于滚炒做形、炒三青及辉干等作业。长滚筒连续炒干机具有受热均匀、茶料翻滚前进,能连续作业和工效高的优点,特别适用于分段式连续成形,可采用滚筒外加热或导入热风等供热方式。长、短滚筒炒坯机作业的热力学作用有差异,长滚筒连续炒干的成品茶条索紧结较细"长",短滚筒炒干的成品茶条索紧结较细"圆"。此外,在"香茶"加工中大都配备连续循环式滚筒炒干机组,主机

图 5-9 扁茶炒制机联装(丰凯茶机 提供)

结构与滚筒连续杀青机相似,筒径为 100 cm 或 110 cm,装配有连续重复炒干的输送带,茶料由上叶输送带送入滚筒炒干机组炒制,出叶后由循环输送机再回送到筒体前端,再入滚筒进行第二次炒干,这种循环滚炒机组先受热做形再摊叶散热,做形效果佳、作业工效高,干茶外形色泽和内质均有提升(图 5-10)。

图 5-10 瓶式炒坯机(珠峰茶机 提供)

6.茶叶精揉机

精揉机原为蒸青茶加工的专用设备之一,现已被有些茶叶企业用于针形名茶的做形作业。精揉机由机架、揉锅、揉手和炒手、振摇装置、驱动部及传动系统等部件组成。精揉机通过弧形炒锅与揉手呈加压状态往复摆动揉搓,能使茶叶整形、定型,并进一步散失水分,固定成紧圆直的针形茶。目前,主推机型是双锅式6CJR120K型和6CJR60K-S茶叶精揉机,揉锅规格395 mm×185 mm,摆动频率50~55 r/min。

7.茶叶揉切机

茶叶揉切机主要有L.T.P揉切机(劳瑞制茶机)、C.T.C揉切机(齿辊切茶机)和洛托凡转子揉切机等,主要用于加工红碎茶。近年来,部分茶区出现以优质鲜叶为原料,选用改型的C.T.C揉切机组,付制名优绿碎茶。杀青后的在制品通过齿辊切茶机两个不锈钢滚筒间隙时间不到1 s,就使物料叶全部轧碎成颗粒状,制成的绿碎茶能达到冲泡速度快、滋味浓强的品质特征。

(四) 干燥设备

1.热风烘干机

名优茶烘干机主要有抽屉式、手拉百叶式、网带连续式、自动链板式等烘干机,以及斗式烘焙机和箱式烘焙机等机型。初烘时,宜选用风量大、单层或网带式的干燥设备,以达到温度高、排湿畅、摊叶薄、速度快的初烘效果。复烘和足烘时,则选用温度低、摊叶厚、风力低的干燥设备,适当慢烘以促进香气形成。其中,箱式烘焙机主要用于茶料含水率达到15%之后茶料的干燥焙香。烘干机热源大都为生物质颗粒、燃气、电能等,导热方式以热风传导为主,也有少量使用灯式或板式的红外线和远红外辐射热源。箱式烘焙提香机主要用于茶叶的中低温长烘、慢焙,作业温度、时间可通过微电脑自动控制;提香机大都为全电热配置,有效烘干面积为5~10 m²,有抽屉式和旋转式两种烘架及多种规格型号,配备8~16层筛盘或烘屉,台时产量在10~30 kg。隧道式烘干机利用热空气作为介质,与湿物料相互接触,通过气化和蒸发排除水分,达到单层干燥脱水的目的。此外,与传统燃煤烧柴或电热干燥相比,热泵烘干作为一种新

型节能新技术,有效解决了传统的干燥效率较低和干燥成本较高的问题,热泵干燥将减少能源消耗、提高产品质量,能够给茶叶加工带来较大的技术革新(图5-11至图5-13)。

图5-11　链板式烘干机(丁勇 摄)

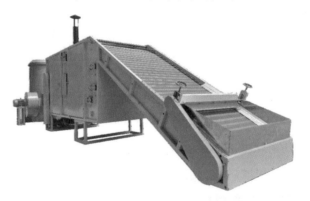

图5-12　链板式烘干机(春江茶机 提供)

图5-13　六斗电热烘焙机(珠峰茶机 提供)

2.动态干燥机

动态干燥机又称动态烘干脱水机、滚筒热风干燥机,茶叶随筒体内的螺旋导筋转动,在运动抛撒的状态下与干燥的热风充分接触,干燥速度快,湿气排放畅,消耗能源少。动态干燥机改变以往间接静态受热的热源形式,中筒进风,外筒排风,逆向回风,气流通畅,导入热风与茶料直接进行热交换,兼有烘干、炒制、解块、脱水及排湿等功能,实现炒烘一体化的作业,是名优茶二青叶的理想作业方式。主流机型为6CHD 100型和6CHT 110型等。

3.滚筒辉干机

滚筒辉干机与滚筒炒坯机相似,转速略慢(约28 r/min),以长滚筒连续炒干机和瓶式辉干机为主。瓶式辉干机筒体有圆筒、六角或八角之分,其筒体采用二截头圆锥体焊接而成,长筒身上有8条或多条凸棱和导筋,有搓条作用;凸棱的斜度与筒体的锥度形成了茶叶前后交换,茶叶受热均匀。6CCP 60型瓶式炒干机滚筒直径(口径×中径×后径)为Φ450 mm×Φ600 mm×Φ480 mm,转速为28~30 r/min。主要用于炒青类名茶(如龙井、大方、松萝等)的辉干作业,辉干的同时,兼有整形、提香、脱毫、润色等功能,需要灵活掌握茶叶干燥中的投叶量、温度、耗时、力度及机具调控,以达到良好的干燥效果。

4.流化床干燥机

流化床茶叶干燥机是指利用具有一定流速的热空气,使茶料呈流化状态散发水分的干燥设备,按结构分为振动流化床和固定流化床等类型。流化床干燥机有热进风口(侧进或下进)、排废气口和除尘装置(上排)、单层振动筛床等部件,茶物料在大风力的作用下,通过烘干区域时物料受热表面积增大,能进行快速热交换、继而失水干燥,较适宜颗粒型名优茶的加工(图5-14)。并且流化床干燥机上下通透、快速脱水及排风除尘的设计理念,现已部分应用于茶叶干燥设备的设计与制造。

名优茶干燥应实行分段干燥,各流程之间要有必要的冷却、摊凉及回潮的过程,以利于物料水分的平衡及茶叶内含物转化、芳香物形成,根据生产线的配置状况,选用风力散热、自然摊放、微波缓苏、机械回潮等方式。成品茶含水率应控制在6%以内,以达到名优茶保质保鲜的质量要求。

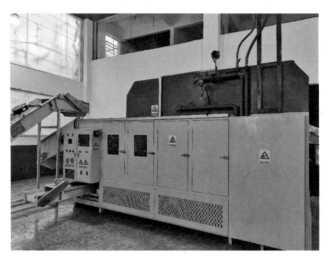

图5-14 电磁烘干机(姚江源茶机 提供)

(五) 名优茶设备配置基本要求

茶叶加工中整机装备性能应保持运行稳定,达到制茶工艺要求,传动平稳、振动小、噪声低,导热材料保持受热、导热均匀,耐锈蚀、耐热性佳,热变性弱,不产生磁性物和重金属污染;设备仪表指示波动小、数值可靠,探头定位准确、稳定,仪表易识别、便于调控、有自锁保护功能;操控台电接箱内漏电保护器、交流接触器、空气开关配套连接,有配线标识,实现漏电、断电、过载保护,开关按钮排列有序、易识别掌控;电热器件高效节能、安全稳定,与导热材料和方式协同;电气部分、自动控制模块符合制茶和生产线控制要求。

（六）名优茶设备安装与调试

名优茶机械的正常运行,是保证名优茶加工的关键。在设备安装前应按照名优茶车间平面布置要求,确定各种设备的安装位置,做好安装准备。机器安装完成后,要检查各机器的紧固件连接和配合间隙,检查各减速箱内的润滑油加注情况。检查并调试电动机三角皮带的松紧情况,观察有无摩擦声和卡顿现象。茶叶机械启动前,要检查运动部件、部位有无影响机械运转的器具,确定无障碍才能接通电源,使机器运转。凡是有热源的机器,先使炒茶滚筒或烘叶网带等部件运转,再点火或接通加热电源。制茶结束时,要提前几分钟退火或关闭加热电源和气源。茶叶出净后,让滚筒、网带、链板等部件继续运转至基本冷却后再停车,避免受热的部件局部过热而变形。茶叶机械使用过程中,要按照使用要求在传动链和开式齿轮等传动部位及时加注润滑油,滚筒机主动托轮与滚筒之间则无须加油,以免影响滚筒匀速运转。

（七）茶叶输送装备

茶叶输送机是指在一定线路上连续输送物料的搬运机械,又称连续输送机,分为网带式和网链式。输送机可进行水平、倾斜和垂直输送,也可组成相对固定的空间输送线路。输送机输送能力大、运距长,还可在输送过程中同时完成若干工艺操作。输送机结构形式包括水平直线输送、提升爬坡输送、转弯输送等,输送带上还可增设提升挡板、侧挡板等附件,能满足各种制茶工艺需求。茶叶输送机大都输送线路固定、动作单一,作业过程中负载均匀,便于实现自动控制。输送设备包括网带式、平皮带、"Z"形输送机、链板输送机、马蹄链输送机、提升机、转弯机、振动槽平输、摆杆输送槽及气力输送管道等。茶叶输送设备要有较高的平稳运动速度和生产率,自重轻,驱动功率小,结构紧凑,便于维修和保养。

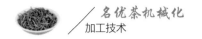

近年来,部分自动化生产线采用摆杆式振动槽,振动频率低、振幅大、运行部件磨损量小、输送量大、不挂漏叶且传动平稳,降低了机械噪音,减轻了机械振动。

（八）名优绿茶冷藏保鲜设备

机械冷藏是名优绿茶保质保鲜的最佳方式,成品绿茶包装后放入纸箱内,移入冷藏保鲜库(柜)内储存保鲜。茶叶冷藏保鲜库有组合式冷库(柜)和固定式冷库(柜),具有自动调温、除湿的功能。组合式冷库(柜)容积相对较小,可拆卸可组装,安装灵活机动,保温性好,安全方便,但库容小。定制式固定冷库(柜)容积相对较大,只能在固定场所使用,制冷设备选择余地大,适合大批量贮藏名优绿茶使用。冷库制冷量应根据库容和贮藏量而定,相对湿度控制在65%左右,贮茶温度控制在5~8℃为宜。茶叶冷藏库内外温湿度相差大,从库(柜)内取出茶叶后升至室温时方可拆袋,以避免空气中的水汽凝结而使茶叶受潮。名优绿茶加工完成后要尽快冷藏保鲜,一年半载之后,成品茶仍能保持良好的新鲜度,即便是寒冷阴雨的冬季,仍然能够手握一杯沁人心脾的"新茶",仿佛感受到春天般的温润气息。

（九）绿茶生产线关键设备运行与控制

名优绿茶生产线既要有机械部分的单机性能优良、输送平台衔接,又要有电气部分的可编程自动控制(PLC)或集散控制系统(DCS),大都采用摊青机连续平稳地输送鲜叶原料,杀青工序采用长滚筒杀青机连续作业,并经过输送平台实现摊凉、收集、计量、流量分配及衔接;揉捻机组实现自动称量、分送、进叶、加、松压及出叶的闭环自动程控;做形干燥阶段再选用动态干燥机、滚筒炒干机、链板烘干机及相应自动做形机组进行连续作业,并通过摊叶回潮机、微波缓苏机等设备达到在制茶料水分平衡。整条生产线采用平输、立输、斜输、鹅颈输、振动输等机具连接贯通,通过温度、湿度、重量、水分等多种传感器达到自动化控制。大中型绿茶生产线现已采用激光程控剪板、卷板、机器人自动焊接、程控机床加工等现代手段,保证生产线配套关键设备的制造质量,并采用了计算机辅助和模块化设计。

1.鲜叶自动摊青机组

鲜叶摊放机械大都配用多层连续式鲜叶摊青机,有网带或链板结构,每平方米摊叶面积可摊放鲜叶5~6 kg,摊放时间为4~6 h。以此为依据推算生产线采用鲜叶摊放机的有效摊叶面积,并确定摊青机的容量规格。自动化加工生产线大都配备100 m²或200 m²的鲜叶摊青机。鲜叶摊青机前部配备斜式上叶输送带,出叶后配水平式输送带,与杀青机组衔接,并配套设置控制系统组成鲜叶摊放模块。

2.滚筒杀青机组

鲜叶杀青采用6CS 80型、6CS 100型滚筒杀青机等机组,筒径大有利于杀青叶水蒸气散发,杀青品质良好。滚筒连续杀青机前有上叶输送带将鲜叶送入筒体,再从筒体后端出叶处接装风冷斜式输送带,快速吹冷杀青叶,然后送入多层网带式摊凉回潮机。回潮机上层输叶速度稍快,保证薄摊冷凉,下层输叶速度稍慢,保证厚摊回潮。杀青、输送、摊凉回潮设备及控制系统的组配,形成了杀青摊凉回潮模块。

3.揉捻解块机组

杀青叶揉捻大都由6CR 45型、55型揉捻机组构成。揉捻机组通过控制系统的自动控制,按每桶设定投叶量对杀青叶自动称重,并由输送带按程序对揉捻机依次投叶,自动关闭桶盖并实施先轻压后重加压,在设定时间内完成揉捻自动出茶。揉捻叶经解散团块后,由输送带送往做形干燥工段。通过揉捻机组、解块机、输送装置和控制系统的组配,构成了茶叶揉捻解块模块。

4.自动干燥机组

绿茶自动化加工生产线的干燥单元,大都为动态干燥机组、链板烘干机组、滚筒炒干机组及摊凉回潮机组的串联配备,与输送装置和自动控制系统组配成茶叶干燥模块。揉捻解块叶由上叶输送带先送入动态干燥机组快速脱水初干,热风通过装置在筒体中心、壁上带孔的热风管送入筒体,茶叶与热风动态接触失水。炒制出叶后,经输送摊凉,再送入链板烘干机组或滚筒炒干机组进行复烘或炒制,再经输送摊凉回潮,最后送入链板烘干机组或滚筒炒干机组进行足烘干燥。全程实现了定时、定量投叶、物料流量与温度控制、控时出叶的自动化,保障了工艺进程衔接及设备利用最大化和干燥程度一致化。

5.生产线设备联装与控制

名优茶连续化加工的同时也是名茶色、香、味、形的在线形成过程,需要"机理"服从"茶理",生产线的自动化联装要与名茶的制茶工艺、品质特点相适应,加工生产线应达到工艺科学、全程流畅、高效运行、操作简便及环保节能。大中型绿茶生产线基本实现了全程作业的自动化控制,配备了工业级 PLC 控制系统,对整条生产线设置控制总成,对关键单机设置控制屏。采用人机对话模式对生产线和各关键单机作业参数进行设定和修改,实现了从鲜叶到成品茶连续化、自动化加工,促进了茶叶加工中的"机械换人"工程和工艺可靠性、质量稳定性,提高了茶叶加工的工艺效果、作业效率、经济效益。

▶ 第二节　红茶加工设备

当前,红茶加工方式主要以单机作业和人工辅助为主。红茶加工设备包括萎凋、揉捻、发酵、做形及干燥等设备,其中,萎凋、发酵等机械属于专用设备,而揉捻、做形及干燥等机械属于茶叶加工通用设备,与绿茶加工设备大体相同。

一 红茶萎凋设备

红茶萎凋设备主要有配用轴流风机的热风萎凋槽、单层连续萎凋机及网带式多层萎凋机等。热风型萎凋设备作业时,通过鼓入冷风和热风来调节温度,鲜叶进入萎凋机后,风机使适温气流均匀地透过鲜叶层,带走鲜叶热量和散发水分。

1. 空调萎凋和自然萎凋

空调萎凋包括空调器萎凋与空气能热泵系统萎凋,通过风机配合散热,实现热量转移。空调萎凋可实现制热(冷),适用于南方春季低温阴雨和炎热夏季的鲜叶萎凋,不受天气因素限制,操作方便,通过PLC控制可实现自动化,可根据生产节奏或生产需要调控温、湿度。根据萎凋室的空间大小配备空调器,通常采用功率大、温度调节力强的立柜式空调。潮湿的春季,可增加工业除湿机配合调节环境湿度,除湿机采用恒温除湿方式。空气能热泵系统是将低品位热能转化为萎凋所需要的热能,每消耗1 kW电可获取2.5~5 kW的热量,与空调器萎凋相比,常为一体式配置、结构紧凑,协调性能强,节约能源,青叶失水较快。空调萎凋室内可配置水筛萎凋架或自动萎凋机,萎凋室的温度一般控制在24~27℃,相对湿度60%~80%,摊叶厚度为3~5 cm,红茶萎凋叶适度含水率为58%~62%,室温约24℃时,萎凋适度时间需要16 h以上。

萎凋架大都是多层设置,配用较大口径水筛,属于传统萎凋摊叶方式,适用于室内自然萎凋、空调萎凋、空气能萎凋、远红外热萎凋等。将鲜叶均匀地薄摊在水筛上,放置于萎凋架上,每个萎凋架可放置水筛15个左右,摊叶量为0.5~0.75 kg/筛。水筛萎凋架投资少,有效摊叶层面积较大,透气性好,均匀度高,而且工艺灵活、移动方便,但劳力成本较高,较适于小批量名优红茶生产使用。自然萎凋是将鲜叶均匀地摊在水筛上,利用自然风使鲜叶散失水分,达到萎凋效果。自然萎凋要求室内通风良好,通过室内门窗开闭控制萎凋的自然风速,排出湿气。自然萎凋受天气因素影响大,特别在南方阴冷潮湿的春季,室内气温较低、湿度过大,鲜叶失水缓慢,尤其是芽叶内部,易造成萎凋不通透(夹生),萎凋时间过长,占用厂房面积大,操作费工费时。

2.槽式萎凋设备

热风萎凋槽由槽体、摊叶网带或萎凋帘(网)、电加热管或热风炉、风机与排湿装置等组成。热风萎凋通过热风炉、风机或者通风管向萎凋叶或者萎凋室内输送干热空气,降低鲜叶表层湿度,散失茶鲜叶水分和吹散萎凋叶周围水汽,达到萎凋效果。萎凋槽大都长10 m、内宽1.5 m,可选配275~330 m³/min的7号轴流风机,槽底做成3°~5°的斜坡,以增加槽体方向风量的均匀性;萎凋帘(带)为透气性能良好的食品级金属网或耐热尼龙网。萎凋槽进风温度一般约为35℃,叶层温度为30℃左右,相对湿度50%~80%,摊叶厚度在10~15 cm为宜。槽式加温萎凋设备构造简单,造价低,萎凋风量大,效率高,萎凋时间短,在红茶生产中广泛应用。萎凋槽通过输送装置和链轮设计,现已实现自动上叶、下叶,并可通过2~3台自动萎凋槽串联或阶梯式联装,构建成红茶自动化加工生产线。热风萎凋通过风机或管道输送,热量受空气流动制约使得萎凋室内的温湿度分布均匀性不高、稳定性不强,并且,由于热风萎凋槽摊叶厚,单位空间内鲜叶量大,萎凋时槽体内空气湿度迅速上升,叶层热量容易积聚,要注重排湿排热,提升萎凋环境因素调控的精确度,提高制成红茶品质的稳定性。此外,萎凋车间内空气湿度较大,需要在车间墙壁上方安装数台排风机,排出水汽(图5-15、图5-16)。

3.全自动立体萎凋设备

全自动立体萎凋设备主要包括网带式、链板式。自动立体萎凋机由

图5-15　单槽式萎凋机(丁勇 摄)

图5-16　梯式萎凋机(谢裕大茶业 提供)

进叶输送装置、匀叶装置、热风装置、内循环风道装置、除湿装置、网带或链板链轮箱体构件、控制装置、PLC控制系统等组成,通常有5~6层,可实现红茶连续化、自动化作业。网带式萎凋机采用自动上料装置配合匀叶器将鲜叶均匀地输送至各层网带或链板,鲜叶处理量大,萎凋速度快,通常将其设置于控温控湿萎凋房内,也可制成箱体式自动立体萎凋机。此类机组具有摊叶厚度均匀、实现自动控制等特点,在红茶加工生产线上被广泛使用。大型网带式萎凋设备由于宽度长,位于网带中部区域水分散失较周边慢,可增加风管式或风道式送风装置,以利于萎凋叶均匀失水。当前,常用的自动立式萎凋机占地面积为18~24 m²,高5 m,共5层网带,有效摊叶层面积为50~120 m²,摊叶厚度为10 cm,摊叶量为300~600 kg,采用风道式送风,在各层网带下设置喇叭状风道,萎凋快速、均匀(图5-17、图5-18)。

图5-17 立体网带式萎凋机(天之红祁红 提供)

图5-18 立体链板式萎凋机(家瑞茶机 提供)

(二) 红茶发酵设备

发酵是红茶加工的关键工序,是茶叶中多酚类物质酶促氧化聚合,生成茶黄素、茶红素、茶褐素等氧化产物,形成红茶特有的外形和内质,发酵设备性能的优劣直接影响红茶质量。

1.单体发酵机

(1)箱式发酵机:箱式发酵机的顶部设有控制器,箱体内是发酵室,底部配有水箱。水箱内设有与控制器电连接的加热器,发酵室上部一侧设有空气加热器,上方设有风机,风机和空气加热器分别与控制器电连接。发酵室上部另一侧设有与大气连通的排气扇,发酵室中部有分别与排气扇电连接的温度感应器和湿度感应器。由风机将空气加热器的热空气送入发酵室内,并促进空气流动。从水箱中出来的湿热蒸汽提供足够的发酵湿度,热空气与湿热蒸汽混合后快速升温,达到适宜的发酵温度。发酵箱体的内腔、水箱、物料盘均采用不锈钢材质,机型有单门和双开门,内设5~8层放置物料盘的隔架,每一层都配用单盘或双盘,发酵盘有抽屉式和圆盘式,底部采用细筛孔圆弧形结构,以保证发酵通透无死角且容易倾倒。发酵箱内设有调节湿度的热湿气装置和调节温度的热风装置及控制发酵机运行的控制装置。配用高效的热蒸汽发生器或超声波加湿器及电加热系统,采用风道循环系统,连续雾化,分层加湿,确保每层的温度、湿度均匀。采用集成控制系统,对箱体内风的温湿度进行精准调控,通过多功能控制面板,实现时间、温湿度自动控制,操控便捷,保证红茶的发酵质量。

(2)槽式发酵设备:槽式发酵设备结构与萎凋槽类似,一端安装风机与喷雾装置,发酵时,风机与喷雾器将湿热气流打入叶层,风量、风速通过风机前百叶板开度进行调节。与萎凋槽不同,槽式发酵设备上放置8~10个发酵箱,每个发酵箱深约20 cm、装叶量约30 kg,采用发酵箱方式,可以通过人工观察判断各个发酵箱内茶料的发酵程度,并将发酵适度叶梯次进入后续的做形干燥工序,以提高槽式发酵的均匀性和稳定性。

(3)车式发酵设备:车式发酵设备于20世纪80年代研制,主体为上大下小的可移动小车,由车厢、透气板、风室、矩形风管(出风管)、供风系统(低压离心风机)、供湿系统等组成。透气板为不锈钢多孔结构,尺寸为 100 cm × 60 cm,下部为风道,尺寸为 75 cm × 40 cm,风道与装有多个接口的供风管相连,每个风道口上均接有风量阀门,控制风量大小与启闭。供风系统的送风温度为 22~26℃,供湿系统则保持相对湿度为 90%~95%,每台小车可盛装发酵叶 100 kg。

2.红茶连续发酵设备

(1)链板式自动发酵机:其结构类似于自动链板式烘干机,由上叶输送机、百叶板发酵床、轴流风机、喷雾装置、风管等构成(图5-19)。百叶板发酵床下部由风机和喷雾装置配合向百叶板上通入 22~26℃湿热空气,全程可自动翻叶 2~4 次,通过调整链板转速控制发酵时间。该设备发酵快、效率高,由于使用百叶板输送,发酵过程中卡叶现象比较严重,且不易清理,会影响下一批发酵叶的质量。

图5-19 红茶链板式自动发酵机(珠峰茶机 提供)

(2)箱体式自动发酵机:由链斗式输送机、网带、匀叶器、发酵箱体、蒸汽发生装置及自动控制箱等组成。其主体结构与箱体式萎凋设备相似,该发酵设备茶料进口同侧各层网带下设置有多个蒸汽支管,每个支管控制一层网带,连接到蒸汽总管,保持发酵时在制品所需的温湿度环境,蒸汽发生装置配套额定蒸发量为50 kg/h,配置3组风扇的风量为3 m³/min。该设备由PLC控制器自动调控,采用超声波加湿器调节发酵室湿度;通过变频器控制链板传动,以调节发酵时间;使用丙烯玻璃门观察发酵状态,便于取样;发酵时间、湿温度等参数可以直接在主机控制器上设置。

(3)网带式发酵房:由铺叶输送机、网带式发酵机、蒸汽产生器、光电传感器、超声波雾化系统及电气控制系统等构成,其中,网带式发酵机包含传动装置、进料门、主体框架、传动链条、支撑网带、匀料器等。发酵房配备电气控制系统,实现自动上下叶及翻叶,在各层网带上配备光电传感器,自动控制发酵房内的温湿度环境。发酵房内相对密闭、潮湿,房壁上安装排气扇定时开启,在保持环境温度和湿度稳定的条件下,增加室内空气的流动性。超声波雾化装置含有雾化器和风扇,可产生冷雾,进雾管设于发酵房内顶部。电加热蒸汽发生装置含有蒸汽发生器和进气管,进气管设于发酵房内底部。电加热蒸汽可控制发酵机内的温度和湿度,超声波冷雾主要控制发酵机内的湿度,将热蒸汽和冷雾综合平衡,能够达到发酵机内温度和湿度相对稳定的调控效果。

（三）红茶自动化生产线

红茶加工生产线的智能化成套设备主要包括自动化萎凋、揉捻、发酵、做形、干燥及电气控制系统等关键核心设备。实现了红茶加工中全过程物料定量、流量调控、温湿度控制、时间控制及工况参数设定,符合红茶自动化加工的大生产要求。茶鲜叶贮青大都采用自动链板式贮青机,上叶、布料、出料全程PLC程序控制、参数化设定。萎凋机组结构主要有单层循环和多层循环,采用食品级网带,达到萎凋叶层厚度自动控制、自动翻叶、温度湿度、供风量在线检测与控制、连续化生产。揉捻机

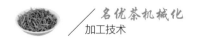

组采用模块化设计、参数化人机界面设置,实现自动计量、投料、压力、时间、出料等程序控制。发酵机组有多层循环半密闭式和敞开式+玻璃房等模式,实现了发酵叶进出料流量、翻叶、温湿度及风力自动控制,满足了红茶加工的工艺需求和品质要求(图5-20)。

图5-20　祁红自动化生产线(天之红祁红 提供)

第三节　茶叶精制设备

　　茶叶精制主要是茶叶外形物理性状的变化,通过筛分、切轧、风选、拣剔等工序,实现分号、除杂、分级、拼配,以形成规格、匀净的商品茶品质特征。我国茶叶精制机械研制与应用始于20世纪50年代,到80年代中后期已达到较高的机械配置水平,系统推出了较为齐备的大宗红、绿茶精制设备,并涌现了一大批精制联装生产线及立体精制车间。近年来,随着外销茶厂规模的相对集中和内销优质茶市场活跃,精制设备与生产线研建再度升温。茶叶精制设备研用要以外形定位为基础,以工艺优化为手段,以高效规范为目标,大力引进机电工程技术,实现茶叶精制工艺与设备创新的不断提升。

一 茶叶炒车设备

炒车设备主要用于绿茶精制的复烘滚条和车色。目前,精制茶厂大多采用高档茶生熟兼做、中档茶熟做的工艺处理,因此,炒车机械的选型与应用至关重要。

1.滚筒炒车机

目前,眉茶复烘滚条的主流机械是6CZS 120型、110型茶叶炒车机,大多是八角滚筒炒干机双层联装,八角形筒体抛物高度低、断碎少,作业时先下层后上层,通过立输连接,热量利用充分;以往多以无烟煤炭为燃料,有污染隐患且能耗较大,现已普遍应用电热、燃气式炉灶作为热源,较为节能、清洁。补烘车色采用电热过桥式车色机或电磁炒车机,热车上色能达到绿润起霜的工艺效果。今后,炒车机的研发方向主要是低能耗的清洁能源应用、碎茶率低的立输改型及封闭式吸尘等。

2.珠茶炒干机

珠茶炒车作业主要选用6CC 84型双锅珠茶炒干机,可选用电热、石油液化气或天然气作为热源。炒板位置在25°范围内任意调节,炒板在锅中往返摆动,推动茶料不断翻滚,在茶叶自重和机械压力的作用下,逐渐干燥成形。该机采用闭式转动、减速齿轮、偏心连杆机构、炒板调节机构及牙嵌式离合器。传动箱两边摆动输出半轴,动力由两只牙嵌离合器控制,能够双锅或单锅作业。

二 茶叶筛分设备

茶叶筛分设备主要有平面圆筛机、抖筛机、滚筒圆筛机、飘筛机等,其中,滚筒圆筛机主要用于红茶等先抖后圆付制茶类的初分大小,使用面较窄,市场少有成型的产品销售。飘筛机作撩片之用,工效低,现已基本被淘汰。茶叶筛分设备一直是茶叶精制中的主要机械,现有机型生产

效率、工艺效果不尽如人意,人工清筛易断碎、短钝,茶尘外泄污染大,但
又难以替代。

1.平面圆筛机

平面圆筛机的主流机型有6CYS 73型和766型,单层四筛、回转式,
有两种转速。筛床转速188 r/min的"慢速机"大都用作分筛,转速208 r/
min的"快速机"一般用作撩筛。平面圆筛机主要用于分离茶叶外形长
短,便于后续作业。结构包括机架、传动机构、曲轴及与曲轴相连的筛
架,设置装有可调平衡块曲轴和弹性可调支承脚,筛架四周有拉簧与机
架相连。平面圆筛机采用动平衡结构,由电机驱动装置驱动旋转,转轴
上曲柄与平面回转筛床连接,平衡曲柄和筛床回转产生离心惯性力。该
设备运行中较为平衡、性能稳定,但进料不匀、灰尘偏重。现已研制有进
料口面罩全封闭吸尘、机侧面装卸筛、金属板钻孔筛及配套上叶斜输等
改型平面圆筛机(图5-21)。

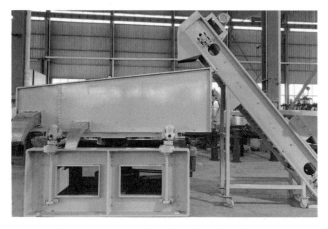

图5-21 平面圆筛机(春江茶机 提供)

2.抖筛机

抖筛机主要用于茶叶精制中的筛分粗细及抖筋,也适用于花茶加工
中的起花作业。主流机型为6CDS 767型双层抖筛机和6CED 42型单层
长抖筛机,由机架、弹簧板支承的筛床、传动机构及曲轴连杆机构等组

成,曲轴转速约为250 r/min。抖筛机有单层和双层之分,单层抖筛机主要用于茶叶毛抖取料和窨花后起花,双层抖筛机则多用于紧门套筛。茶叶抖筛机常用的前缀式曲轴连杆机构(筛床前),占地空间和噪音较大,现已推出下缀式(筛床下)连杆机构,平衡性提高。曲轴连杆机构较复杂、易损坏,从而造成抖筛机工艺性能存在一些缺陷。目前,改进型抖筛机的筛床与机架连接采用平行四连杆机构和螺旋悬挂弹簧,优化筛床的振动频率、振动方向,以曲柄代替曲轴,整机结构紧凑。未来研发重点为如何将金属织筛网改成金属板筛网,设计自动清刮筛机构及封闭除尘装置等。

三 茶叶切茶设备

切茶机主要有细胞式滚筒切茶机、齿辊切茶机、螺旋切茶机等,生产效率较高,但易损伤锋苗及产生较多的碎末副茶,目前只能通过多做少切、调控切茶程度等进行工艺调节。

1.滚切机

滚切机全称细胞式滚筒切茶机,多为双滚筒式,也有三滚筒式,主要型号有CGQ 20型、6CGQ 92型等。由辊筒、进茶斗、切刀、进茶挡板、出茶斗、切刀安全装置及传动部件等组成,核心部件是两个滚筒和切刀。辊筒大都由铸铁制成,表面均匀布设矩形凹槽,辊筒常配有12 mm × 12 mm、10 mm × 10 mm、10 mm × 8 mm、8 mm × 8 mm、8 mm × 7 mm等多种规格的凹槽。作业时,一对辊筒做反向旋转,切刀装于辊筒外侧,刀轴装在机壳两侧,刀刃线与辊筒轴线平行,刀轴上安装有平衡重杆及饼状平衡铁块,调控切刀松紧度切茶,凹形方孔保护茶叶条索锋苗。细胞式滚筒切茶机主要用于红茶等条形茶类的切茶作业。

2.齿切机

齿切机全称为齿辊切茶机,主要机型有6CCQ 50型、60型等,齿辊切茶机由齿辊(辊筒)、齿刀(齿板)、进茶斗、传动装置和切刀保险装置等部件组成,核心部件是齿形切轴和齿状切刀,齿辊上的棱齿与轴向均呈三角形,棱齿与齿刀相啮合,距离一般为6~8 mm,间隙可在0~1.8 mm范围调节。茶叶经进茶斗落于齿辊和齿刀之间,随着齿辊转动,大于齿辊与齿刀距离的茶叶便被切断,齿刀一端安装有平衡铁块和弹簧。作业时,齿切机齿轴旋转、棱齿相合而切断茶料,调节切轴和切刀间距来控制切茶程度,主要用于条索紧结的炒青绿茶等茶类的切茶作业。

3.螺切机

螺切机全称为螺旋切茶机,主要型号有6CFS 30型、26型,螺旋切茶机有单、双辊两种机型。双辊螺旋切茶机,滚筒直径为160 mm,长度为540 mm,辊筒上螺旋有20头和16头两种,两辊转向均为右旋,主辊转速500 r/min,两辊间传动比约为2,两辊有速度差,产生搓切作用,达到保梗切茶的效果。单辊螺旋切茶机,滚筒直径为180 mm,长约580 mm,辊上设有2头或4头左螺旋,辊筒与外壳的间隙为30 mm,工作转速约为400 r/min。目前使用最广的单辊螺切机主要用于处理毛茶头里头、机拣头或中档茶的大梗叶,螺旋式推进作业,能够实现茶、梗分离,但碎茶率较高。

四 茶叶风选设备

风选机是利用茶叶的重量、体积、形状的差异,借助风力分清茶叶中不同容重(俗称身骨)的茶料及分离沙石、草茎叶等杂质。工作原理是通过水平方向,风量适当均匀的风力使茶叶吹散,容重基本一致的茶料落在一起,有正口、正子口、子口等之分,能起到茶叶分级、定级及去片除杂的作用。按风机、风源及物料变化,分为吸风式风选机、送风式风选机(图5-22)。目前,生产中适用的主流机型有6CEF40型、50型送风式风选机,选用风力较为平稳的多片式离心风机,风扇转速为800~1 200 r/min,选别挡数为7挡,最大送风量为85 m³/min。作业时,要保持茶叶进料量均匀,针对不同容重的茶料调整风量和分隔板位置,分隔板之间的参考距离为60~80 cm。先固定较大风门,调整风机转速,再微调进风口大小,配合调整分茶隔板角度,待取料达到要求后,才能进行正常取料。吸风式风选机目前市场上少有现货供应,需要定制,现在生产中尚存使用的吸风式风选机多以传统木质型为主,并配有封闭式布袋吸尘装置。

图5-22　送风式风选机(春江茶机 提供)

(五) 茶叶拣剔设备

拣梗去杂是茶叶精制中费工费时且又非常关键的工序,拣剔作业已是茶叶精制中质量与成本控制的瓶颈环节。常规的茶叶拣剔设备主要是阶梯式拣梗机、静电拣梗机,阶梯式拣梗机只能拣剔粗长筋梗,静电拣梗机则以拣剔细嫩筋梗为主,这两种茶机选别率低、误拣比高。近年来,光电色选机的系统应用,给茶叶精制带来了一场重大革新。

1.阶梯式拣梗机

目前,阶梯式茶叶拣梗机的主流机型是6CJT82型,主要由机架、筛床、传动结构、提升系统组成,槽板工作宽度为800 mm。工作原理是将经过筛分和风选以后的茶梗混合物,通过振动槽板和拣梗轴,利用梗、叶的摩擦系数差异,使较长的茶梗穿越槽沟,从而达到茶叶与茶梗分离,在拣

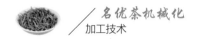
梗的同时也有区分茶条长短的作用。阶梯式拣梗机能使茶叶中的茶梗及较长的夹杂物与茶叶基本分离,普遍适用于眉茶、珠茶及工夫红茶等茶类的粗长梗叶拣剔作业。

2.静电拣梗机

茶叶静电拣梗机由静电发生器和机械分拣机构两大部分组成,整机有直流高压发生器、送茶滚筒、导电滚筒、分隔板、机架、动力与传动装置等。工作原理是利用茶叶和筋梗在静电磁场中所受到的静电感应力不同进行拣剔。其中,升压变压器的高压回路上有整流器,电路一端接电极筒,另一端接分配筒并接地,机械分拣部分有进料斗、匀叶下叶斗、分配筒或弧形板、电极筒、分离板、出梗斗和出茶斗,匀叶下叶斗与震动器相连。由于筋梗含水率较高,产生静电感应强、作用力大,受导电滚筒引力大,越过分隔板与茶叶分离。因此,静电拣梗机主要用于中高档茶细嫩筋梗的拣剔作业。

3.光电色选机

(1)技术特性:光电色选机是指利用特殊识别镜头捕捉物料表面像元素信号、采集物料透光率信号及其他成分的信息,并利用PLC控制及CPU处理,实现光电信号互换,并与标准信号对比分析出物料的品质优劣,再利用压缩空气将该劣质物料剔除的集光、电、气、机于一体的高科技机电设备(图5-23)。光电色选机主要部件:供料系统(进料斗、振动喂料器、溜槽)、光电系统(光源、背景板、光电检测器、数码相机)、分选系统(正品槽、副品槽、喷气阀、空气压缩机、空气净化器和过滤器)、电控系统(信号调理部件、时序部件及微机控制系统)、操作系统(色选工作站及其运控操作系统)等。色选机的选别率、带出比、灵敏度及稳定性是评价光电色选机性能的主要指标,而原料条件、人员操作及辅助设施与设备则是影响茶叶色选技术效果的主要因素。

图5-23 光电色选机(捷迅光电 提供)

(2)技术应用:茶叶精制中,系统使用光电色选机拣剔茶梗等夹杂物,无须使交付色选的筛号茶长短粗细过于规格化,不但除杂效果好,还可优化茶叶精制工艺,减少反复切、抖、撩等筛制作业,避免茶叶过多的断碎、短钝,并达到拣剔质量高、工效高、制茶成本降低、制提率提高的加工效果,基本解决了以往茶叶拣剔质量差和工效低的问题。并且,常规机械或手工拣剔的茶梗中带出的是条索紧、锋苗好的面张茶或身骨茶,而茶叶色选的副品中带出的是质量较次的异色茶,台时产量是常规茶叶拣剔设备的数十倍。茶叶色选对杂质的选别率决定于茶叶含杂比,并在理论上排除了对杂质长短、形状、比重的特殊要求,可按照不同茶叶级别的净度要求,相应确定不同的色选工艺。能够广泛应用于绿茶、红茶、乌龙茶精制中的拣剔作业及名优茶去片去梗的精选处理等。

4.除杂设备

(1)取石机:主要用于剔除茶叶中的沙、石等重杂物,其原理是茶叶在通过一定角度做前后运动的网面时,从网下吹出的均匀风力将茶叶向前吹送,而重杂物无法被吹走,从而使茶叶与重杂物得到分离。技术要点:主要是风量的调整控制,茶叶要保持均匀分布占整个网面的50%~

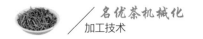

70%,保证取出沙、石的纯度;使风力均匀分布在网面,且定期清理网面,以免堵塞、降低除杂效果,投料量应均匀、避免进料量忽大忽小的现象,并配设除尘装置及经常保养维护。

(2)金属探测器:主要用于探测茶叶中的金属杂物如铁、铜、铝等和带有金属成分的铝箔等,其原理是通过在探头周围产生高频电磁场,当金属杂物进入高频电磁场时,引起电磁场产生能量损耗,探出杂质并自动剔除杂质。金属探测器一般安装在装箱工序之前,使用前要进行灵敏度的检测,过程中还应进行检查以防因震动或茶叶粉尘影响其灵敏度。

六 匀堆机

茶叶匀堆机分为行车式(皮带式与小车式)、撒盘式、滚筒式、定量配茶连续式等,各种匀堆机的结构、形式、型号、主参数等有一定差异。生产中使用最广的是行车箱体式匀堆机和滚筒式匀堆机,行车箱体式匀堆机的主要缺点是茶尘外泄,滚筒式匀堆机主要缺点是碎茶。滚筒匀堆机由滚筒、传动装置、托轮装置3部分组成,滚筒是该机的关键部件,决定工艺性能及拼配质量,作业时茶料径向翻滚、轴向推动及进料与出料连续、均匀,适宜小批量茶叶拼配匀堆。行车式匀堆机由多口进茶斗、输送带、行车、拼合斗和装箱机等部件组成,拼合斗分为初匀斗、复匀斗两组,每组8~15只分斗构成,各筛号茶能达到良好的拼合匀度,适宜大批量茶叶拼配匀堆。现在大部分出口茶厂使用行车箱体式匀堆机,为解决茶尘外泄问题,现已采取全封闭作业及吸尘除尘结构。

七 精制设备联装

为控制茶物料在制过程中的重金属、有害微生物及非茶类夹杂物的污染,精制设备宜实行机组联装组合,实现机械化、连续化,全程不落地,配置使用清洁化热源。推广多功能组合茶机(切筛联合机、撩扇组合机等),减少设备与场地占用;并要均衡配套设备,防止在制品囤积而延迟加工周期。联装输送装置主要包括立输提升机、管道送风机、平输振动槽、斗式输送带、鹅颈输、转斗式立输、封闭贮料槽等。平式输送大都采用结构简单、碎茶、漏茶少的振动槽,斜式或立式输送多使用造价省、速度快的斗式输送带,毛茶、头子茶、筋梗茶、轻身茶、下段茶等碎茶影响小的茶料,则可选用封闭除尘、快速高效的气流管道输送。精制设备联装要科学、经济、实用及美观,并及时保洁保养精制装备。

当前,茶叶加工基本实现了机械化、连续化,正在完善各种设备的自动化程度及各设备之间的交互、衔接及控制,实现传感检测、自动控制、模糊控制、模式识别、数字图像处理、计算机视觉、智能专家系统及新材料等先进技术与传统机械设备相结合。茶叶加工生产线配置,应坚持局部和整体相结合,单台设备应用兼顾整条生产线,注重整体工艺对茶叶加工品质的影响。坚持设备研发与工艺创新相结合,针对新工艺,研发新设备,使用新设备,探索新工艺,我国茶叶加工机械正在由传统单纯的机械设备向机电一体的自动化、智能化设备转变,向更卫生、更美观、更人性化的连续化生产线转变。

▶ 第四节 自动化生产线操作与维护

目前,我国名优绿茶加工大多以单机作业和少量机组联装为主,其特点是劳动力成本大,加工工艺不规范,没有确定的操作技术规程,产品质量受人为因素影响很大。自动化生产线与单机作业、简单机组连装相比,生产线自动化程度高,在大批量茶叶生产中,劳动生产率高,劳动条件大幅改善,操作人员精减,劳动力成本降低,加工工艺优化,工序相对固定,加工质量相对稳定,缩减了生产占地面积,缩短了生产周期,保证了茶叶生产的均衡性。因此,茶叶加工的规模化和生产线的推广将是茶叶产业升级的必由之路(图5-24、图5-25)。茶叶加工成套设备尤其是自动化生产线设备的运行与操作,是一个十分复杂的系统,对操作员工综合素质和技术水平要求远高于一般单机或机组操作。在生产线使用过程中,要确保人员、设备和系统的安全,确保茶叶加工的品质稳定,提高企业员工操作技能,加强生产线的使用安全与维护管理。

图5-24　黄山毛峰生产线(谢裕大茶业 提供)

图5-25　黄山毛峰生产线(光明茶业 提供)

一 岗位操作规范与技能

自动化生产线是指按照工艺流程,把生产线上的机器联结起来,形成包括上料、下料、装卸和产品加工等全部工序自动控制、检测和连续的生产线。生产线主要有工艺设备,输送连接装置(刚性或柔性连接),控制系统(调整、半自动和自动)及辅助设备。

1.摊放工序

要根据鲜叶不同的品种、嫩度和采摘时间分别摊青,防止叶片损伤从而影响品质。自动化生产线上的摊青设备大多数采用多层摊青机或单层贮青机,可对摊青温湿度、时间进行相对精确控制。

2.杀青工序

生产线工艺装备是相对固定的,相关工艺参数在一定范围内有自适应和调整功能,不可随意更改,车间管理和操作人员应充分了解生产线中杀青机的类型、型号和性能特点,了解加工原料的付制特点,谨慎设置杀青机工艺参数,如投叶量、温度、滚筒转速、倾角等,随时监测杀青叶的变化情况。不得出现生青叶、焦边焦叶,不得有异味等。要适时开启杀青叶的排湿、去片末辅助装置(图5-26)。如出现异常情况,要根据在线茶叶的实时情况合理调整工艺参数,逐步递进调控,避免工艺参数变化过大。

3.揉捻做形工序

不同的做形设备可以塑造出不同形状的名优茶。揉捻工艺原则是"嫩叶轻揉、老叶重揉""轻、重、轻"和"抖揉结合",力争避免产生外形异样、条形短碎、叶色发暗、茶毫脱落等问题。生产线上揉捻机工艺参数(时间、压力、投叶量等)要根据茶叶的品质要求具体设定。理条机分为振动往复式、阶梯连续式等类型,理条作用在于促进茶叶条索紧直。理条机一般用在针形、芽形茶杀青后的理条,也用于扁形茶的初步理条,便于后续工序的压扁做形(图5-27)。双锅曲毫机大多用于卷曲形茶的做

图5-26　杀青机组(谢裕大茶业 提供)

形,实现冷做形的揉捻成条与热做形的卷曲成螺紧密融合(图5-28)。要掌握双锅曲毫机的锅温、投叶量及炒幅控制的协同性,宜采用"初炒+回潮+复炒"的工艺组合,关键控制点是避免翻炒时排湿不畅导致"水闷气"和高温粘锅导致"焦糊味"。扁茶炒制机适用于扁形名茶杀青、理条、压扁、辉锅等作业,制成的茶叶能达到条索紧结、扁平挺直、色泽绿润的要求。名茶生产线连续化作业中采用加热做形一定要高度重视在制茶的加热成形与失水固形的协同性。

图5-27　自动往复理条机组(丁勇 摄)

4.干燥工序

干燥工序直接影响成品茶含水率、香气、滋味及色泽。茶叶干燥过程中,影响成品茶品质的主要因素有温度、投叶量、通风量、干燥速度等,其中温度和热量的影响最大,工艺应随名优茶的种类、嫩度、叶量、含水量的变化而灵活掌握。干燥作业方式通常有

图5-28　自动揉捻机组(谢裕大茶业 提供)

烘、炒、滚等。一般来说,采用烘干方式干燥,香味清醇鲜爽;采用炒干方式干燥,香味浓厚高锐;采用烘炒结合的干燥方式,可兼有烘、炒两者的品质优点。茶叶自动化生产线上的干燥作业往往是多种干燥形式和不同类型干燥设备的组合,分多次连续化完成。茶叶干燥应实行分段干燥,要合理调节各种工艺处理之间的关系,各流程之间要有必要的摊凉、冷却及回潮的过程,才能达到最好的干燥效果。干燥作业原则:温度先高后低,投叶量要前期少、后期多,含水量高的茶料,温度要高、投叶量要少;干燥后期,切忌持续高温,防止茶叶高火(图5-29至图5-31)。

图5-29　动态干燥机组(谢裕大茶业 提供)

图5-30 自动烘干机组(谢裕大茶业 提供)

图5-31 自动滚炒机组(丁勇 摄)

二 设备日常管理和维护

随着科技进步,茶叶加工业对茶机装备的依赖度越来越高。茶叶企业必须了解和掌握加工设备的实际运行状况及其变化特点,建立和完善制茶装备的管理制度。茶叶设备日常管护分为3个阶段,即茶季前生产设备的预防性检修、正常生产时的设备管理和茶季结束后的维护。茶叶生产季节性强,企业操作工队伍不稳定。因此,在茶季生产开始前,需要对相关员工进行岗位培训,使其充分了解或温习制茶设备的结构、原理、技术规范、安全要点、维护规程及操作技能。由于茶叶加工设备在非茶季往往利用率极低,大部分时间处于闲置状态,而对于设备来说,长时间的闲置可能会造成设备技术状态的下降,增加了出现故障的概率,尤其是目前电子元件应用较多的制茶设备故障率更高。

1.茶季前的设备检修

制茶设备长期闲置后,其表面和内部不可避免地会积有灰尘,首先采用干燥空气吹除设备外部、内部及电器控制箱内、各线路板和仪表内的积尘,尤其要注意翻板式烘干机等箱式设备的各个角落,确保设备内外无积尘和积垢。对设备所有运动部件先清洁、再润滑,润滑剂规格就高不就低。检查、调整各传动部件之间的间隙,无法达到规定值的部件予以更换。对输送装置的各类皮带件要重点关注长期静止状态下的输送带、皮带是否出现不可逆的变形;对设备的紧固件按规定扭矩予以复查,以免松动。对翻板式烘干机的百叶板应逐片清洁和检查,以防止因锈蚀造成的卡板,并调整输送链松紧度。检查车间内设备之间电缆有无老化、破损和电线桩头、接头、接插件有无松动、氧化,检查电器箱内外有无凝结水和设备联锁、互保、急停及防护罩等装置是否完备,并视情况处理。在设备开机运转时应先外部后主机,先单机后全线;对电动机等有运转方向要求的设备先检查运转方向,在试机时注意观察有无异响和异常情况,并及时处理。在开启加热时应注意分阶段加热至正常工作温度,一般应分2~3个阶段加热,每阶段保持半小时以上。对设备检查维护的同时,要按设备现有状态视情况保留一些备件,尤其是关键设备的专有零部件及易损部件,以免生产期间因无备件造成全线停工。

2.茶季中的设备管理

在茶季正常生产时,根据生产线设备技术规定的操作程序和设备的性能特点,正确合理地使用设备。一般要求操作者做到"三好、四会、四项要求"。同时,严格执行本企业制定的设备操作规程,遵循"五定"制度和"五项纪律",以保证设备正常运行,减少故障,确保安全。首先按设备操作顺序及班前、班中、班后的主要事项分列明晰;各种设备按结构特点、加工范围、注意事项等分别列出,以便操作者掌握执行;类似设备编制通用规程,关键设备则单独编制;编制的规程要用标志牌固定在设备旁,做提醒警示。"三好"要求是指"管好、用好、修好"制茶设备。"四会"要求是指"会使用、会维护、会检查、会排除"。"四项要求"是指"整齐、清洁、润滑、安全"。日常维护主要是每班维护,要求班前要对设备进行点检,查看有无异状及润滑装置的油质、油量,以及安全装置及电源等是否良好。设备运行中要严格遵守操作规程,注意观察运转情况,发现异常立即停机处理。下班前要清扫擦拭设备、保持设备清洁,切断电源并清除灰尘、清理场地等。设备润滑工作要按照"五定"制度执行,实行"定点、定质、定时、定量、定人"的科学管理。设备操作时,要遵守"五项纪律"要求,未经培训合格,不可操作设备,遵守安全操作维护规程;经常保持设备清洁,保证合理润滑;遵守交接班制度;管好工具、附件,不得遗失;发现异常立即通知有关人员检查处理。

3. 茶季后的设备维护

在茶季结束后,要对生产车间及制茶设备进行全面维护,包括对车间和设备进行全面清理、清洁、润滑;全面检查制茶设备的各配合面,调整至规定值,并视情况维修;对在生产期间产生的设备故障予以修复;针对生产中薄弱环节视情况实施技术改造;对设备脱落油漆的部位进行补漆和防锈蚀处理;检查车间门窗的密封性,驱避小动物进入车间及设备,以免造成设备污染和损坏;对有环境温湿度要求的设备,要尽量使车间温湿度保持在允许范围内;茶季开始前一个月进行不少于半小时以上的空机运行或按厂方要求维护。维护运行时,应同时开启加热等装置,以驱除设备中的潮气,保持干燥,使电子元器件保持作业性能,并及时发现、解决问题。

第五节　茶叶加工设备常见问题与故障排除

随着茶叶加工技术的不断进步,茶叶机械设备由传统的简易设备向机电一体化、自动化方向快速发展,结构趋向复杂化,设备维修难度增大。生产中要掌握正确的故障判定方法和步骤,以便于快速准确地恢复设备正常运行。并做好维修前的三大准备。一是技术准备,要掌握设备性能、操作说明、设备结构及电路测试参数等。二是工具准备,要配备一些常用的仪器设备和维修工具。三是备件准备,为能够及时排除故障,要配备一些易损易耗件等常用备件。

一　设备故障的判定方法

首先要学习设备电气系统图,掌握电气系统原理、构成和特点,熟悉电路的动作要求顺序、各个控制环节和电气元件的技术性能。对有故障自诊断、自保护功能的设备要熟悉并牢记常见警告、保护、故障显示、查询方法和代码含义。在检查电气故障时,首先要对照电气系统图进行分析,拟订出检查步骤、方法和线路,做到有的放矢、有步骤地逐步深入。详细了解电气故障产生的过程,分析故障情况。将设备线路拆成若干控制环节进行故障分析,找出故障的确切部位。要查看设备的维修保养、部件更换记录,寻找故障的线索。对带有自诊断、自保护功能的设备应先查看故障信息、警告信息及相应代码,根据显示内容做进一步检查和排障,并对有关电器元件进行外观快速检查。"闻"指在某些严重的过电流、过电压情况发生时,由于保护器件的失灵,造成过载运行,以致发热严重、绝缘损坏,发生臭、焦味。"看"指有些故障发生后元件有明显的外观变化。"听"指元件正常运行和故障运行时发生的声音有明显异响。

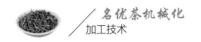

"摸"指电动机、电磁线圈、熔体熔断的熔断器、齿轮箱、轴承座等发生故障时,温度会明显升高,注意只能在切断电源后触摸。并且,核对有关设备的动作顺序和完成情况,使用仪表测量查找故障元件,测量电压、电阻、电流、绝缘电阻,检查电器元件是否通路,线路是否有开路情况,电压、电流是否正常、平衡。同时,要总结经验、掌握故障规律。

二 摊青或萎凋设备常见故障与排除

摊青、萎凋设备常见故障主要发生在控温控湿的空气处理机组。在PLC控制面板上输入所需温度和湿度,并选择运行模式后,系统根据当前传感器传回数据,自行运算并判断当前摊青(萎凋)环境温湿度是否符合设定值,并据此启动相应制冷、制热及加湿分系统和室内风循环,使之调节至设定值(回差范围)内。抽湿采用制冷原理,使空气中水汽在通过蒸发器时冷凝析出;加热采用空气流经PTC发热板升温;加湿采用超声波雾化方式。室内主机柜包含显示设置、采集运算控制电路、风循环系统、加湿子系统、加温子系统、制冷抽湿系统、温湿度测量、压力传感及各种保护电路。室外由冷却塔及循环水泵管路组成,该机大部分故障属于设备自保护,在出现保护信息后,只需排除报警原因即可恢复正常。常见问题有接线时进线相序有误,任意交换两根相线即可。电压高限指输入电压过高,需调整输入电压(一般在5%以内)。压缩机高压故障的原因是冷却不够,造成制冷系统高压段压力超限,引起系统保护。检查冷却塔水位,补充冷却水至正常水位,并需通过整机断电再上电的方法解除系统警报及保护。此外,可检查压缩机热保护器是否完成保护动作,若是则需复位,之后再整机断电、通电解除报警。风机故障显示原因一般为风机进风阻力太大,造成负压,引起风机热保护;或出风阻力太小,造成风机功率超载,引起风机热保护。要检查风机热保护器是否已完成保护动作,若是则需复位。低压故障较为少见,主要原因是当运行温度设定低于18℃,并且摊青房内空气湿度较高时,极易在蒸发器上形成积霜,造成制冷剂循环不畅,使低压端压力偏低,造成报警停机保护。要在通风状况下使设备运行20~30 min,待结霜融化后即可。管道缓慢泄漏引起的低压不足,应及时补充制冷剂,并查找泄漏部位。另外,摊青房内湿度偏高,摊青效果不明显,在自动运行模式下,默认为温度优先,设备运行时首先将室温加热至设定温度后,再转为制冷抽湿,所以在某些保温效果较差的摊青房或春季室外温度较低时,要注意设定温度不可过高,或可同时开启辅助加热,提高室温,以免设备因达不到设定温度一直处于加热状态而不制冷抽湿。

三　杀青设备常见故障与排除

在杀青叶品质异常时,首先要注意区分采摘、摊放所引起的情况与杀青机工作异常的情况。鲜叶原料差异较大时易造成部分杀青过度,部分杀青不到位。在摊青不足时易造成产量下降、杀青不足、有爆点、茶香不显、色泽偏暗、有青草味等。在摊青过度时易造成焦边、焦叶等,投叶量过大过小也会造成杀青叶的品质不同。

1.燃气式滚筒杀青机

与一般滚筒杀青机基本相同,只是加热方式有区别。常见故障主要表现为加热速度慢和温度上升缓慢时,检查各组燃烧排工作是否正常,如正常则检查温控仪及温度传感器;如正常燃烧则需检查相应燃烧排、喷嘴是否堵塞,供气压力是否正常,电磁阀是否工作正常,是否开、关动作不到位。出现燃气不点火或点火困难时,要检查放电点火针(电极)间距是否太大或太小;有无火花,如无放电火花,则有可能是高压线圈损坏。并且,供气压力太大、太小也会造成点火困难或不点火,可调节压力至厂方要求。燃烧点火有异响、噪声和排烟口有烟雾,当进风量与供气量匹配不良时,易发生点火与熄火时爆鸣和点火困难,同时会造成燃烧

不完全,产生烟雾,发热量降低,筒壁温度上不去,要缓慢调整风门开关至燃烧完全无烟、燃烧稳定为止。温度波动较大或灭火后燃烧排继续工作,智能型温控仪回差设置过大或滞后时间设置太长,会引起温度波动过大,以及电磁阀在断电后卡死在开启的状态,会引起燃气无法切断,继续燃烧加热。在配有燃气控制器的回路中,控制器故障也会出现类似情况。

2.电磁滚筒杀青机

开机后初始工作正常,随后温度上不去,出水口水温有烫手感,可能是冷却水流量偏小、模块得不到足够冷却,传感器检测到温度超限进入自保护,避免电路损坏。加热指示灯长亮且温控仪温度显示异常或一直加热中,要检查温度传感器镜片上有无积尘,采用无水酒精对准镜头与测温窗口进行清洁。打开加热软启动开关后,加热指示灯闪烁不加热,检查开关是否触点接触不良,检查温控仪、控制箱内IGBT模块温度传感器插头及各控制插头接触是否良好。利用控制箱自检功能对照故障代码表查找原因,酌情处理和联系厂家。滚筒转速忽快忽慢,要检查面板电压表波动,滚筒电机转速表波动及滚圈与托轮长期磨损情况,及时处置。排湿风量不足或无排湿,首先要检查风机旋转方向,其次风叶上是否有较多黏结物,如有则拆卸后清洗干净,检查排湿风管有否堵塞。工作时噪音较大,检查滚圈与托轮是否足够润滑,托轮轴承是否损坏,滚圈固定螺栓有无松动、缺失、断裂。

(四) 做形和揉捻设备常见故障与排除

做形和揉捻机械是形成名优茶独特外形的关键设备,常用做形设备种类主要有揉捻机、理条机、双锅曲毫机、扁茶炒制机等。

1.茶叶理条机

理条机出茶门出现漏茶,要检查弹簧是否失去弹性或弹性不足、出茶门是否变形、是否堆积茶尘。茶机出现异响或锅体异常跳动,要检查内滑套或导轨是否磨损,连杆和销轴结合处的销轴是否磨损,油槽是否有油或油量不足,锅体与机架或加热源部件是否有碰撞或摩擦,以及传动部件、各紧固件、轴承座的固定螺栓是否松动,检查各皮带轮位置是否正确,皮带是否太松或多条带不一致,地脚螺栓是否松动。电热式理条机的电炉温度升不上去,检查线路是否完好,是否有电热管脱线或全都加热,电路电压是否达到工作电压等。

2. 扁形茶炒制机

扁形茶炒制机由半圆柱形长槽锅、转动炒手(也称压板)、加热系统(电、气等)、传动机构、机架和控制系统等组成。按照不同生产线配置,有单锅炒制机、两锅炒制机、三锅炒制机和四锅炒制机等。若出现锅内茶叶一边多一边少,要检查机械摆放是否平整,或者是锅内炒板与锅槽是否不平行。锅体内转动部件不转动,可能是链条断裂或电动机损坏,转轴上或电机轴上的链轮孔内平键脱落。转轴运行出现忽快忽慢,可能是转轴上的炒板对锅槽压力太大,导致传动链条磨损伸长或链轮磨损严重。锅槽内温度升不上去,要检查线路是否完好,电热板是否脱线或全都加热,电路电压是否达到工作电压等。

3. 双锅曲毫炒干机

双锅曲毫机由炒锅、炒板、加热炉灶、传动机构及机架等组成,自动进、出叶曲毫机现已成功研制,投入生产应用。炒锅为球形铸铁锅,加热炉灶有电加热、天然气或液化气加热等多种方式,炒板是一块弧形铁板沿转轴按一定摆角和频率炒动。

(五) 茶叶干燥设备常见故障与排除

1. 茶叶烘干机组

烘干机组由输送装置、匀叶装置、箱体及分层进风导向装置,动力源及调速、减速、传动分系统，热源及热交换送风变量系统，温度测量与反馈控制系统等构成，实现连续运行，分层进风，自上而下翻动下落，烘干各阶段运动速度可调，烘干机底部均设有自动清扫漏叶装置。干燥段茶叶若出现水闷味较重、色泽枯暗黑或干燥不匀，原因可能是风量偏小或投叶量较大，造成烘干机箱内空气湿度过大，可采用提高风机转速，加大热风风量，并考虑温度偏高、烘干时间太长等因素。热风风量小或无风力时要检查电机是否工作，传动皮带是否打滑，风机轴上轴承是否因润滑不良卡死或风叶卡死，进风扣是否被覆盖或堵住。如电机不工作，检查保险管是否断开；检查调速旋钮是否手感较轻或可连续转圈，若有问题可能是调速电位器损坏。正常测量调速电路板励磁输出电压是否随调速电位器转动而变化，如无输出电压或输出电压较低则为调速电路板故障，应及时更换；如正常则为电机故障，可检查电机碳刷接触是否良好；如励磁线圈断路，则一般表现为电机转速在最高转速且无法调速、电机噪音较大。

开机后输送链不走或走速不稳，先检查开机后电机是否启动及电机噪音是否正常；如电机启动但输送链不走则检查传动链及减速机是否正常、有无卡滞；各层输送链及百叶板间有无异物卡住或百叶板变形，由于百叶板与输送链间活动不灵活造成卡死，进而在转弯处与箱体卡位造成输送链不走；输送链轮由于固定力不足横向移位后造成输送链与箱体卡死，减速机齿轮油缺少或无油会造成齿轮箱卡死，检查左、右两侧输送链松紧度是否相同，如过松或过紧均需通过移动轴承座位置进行调整。匀叶装置摇不动无法调节上叶厚度，可能是两侧蜗轮蜗杆及螺杆缺少润滑油引起。热风温度波动较大或到设定温度后热风温度仍持续上升，主要由回差设定过大或滞后设定时间过长引起，要重点检查温度控制仪内部参数或重新设定。

2.茶叶炒干机

在部分名优绿茶自动生产线中会采用6CC 80型、100型滚筒炒干机用于条形茶、颗粒茶等烘炒茶的炒干作业，使茶条既紧结成条又炒焙干燥，形成这类茶特有的嫩栗香。常见问题与滚筒杀青机基本相同。

六 输送设备和网输式摊凉设备常见故障与排除

设备机组的减速电机、摊凉（青）冷却风扇无法启动时，首先检查相电压是否正常，接触器、连接线等各连接点的连接是否可靠，其次检查减速电机、摊凉冷却风扇是否损坏。若网带走偏时，检查并调整两侧调节装置的调节螺栓拉紧度是否一致。若输送带走偏时，主被动滚筒不平行则调整使其平行，如果输送带之间有积茶粘在主被动滚筒上，清理积茶。茶叶在输送网带上摊放不均匀的主要原因是匀叶器有偏差，调节匀叶器叶片顶端与网带带面之间的间隙，匀叶器两边调节螺栓要调整一致。输送带运行时快时慢，网输式摊凉（青）设备运转过程中出现卡滞现象，原因主要有轴承座固定螺栓有松动、轴承磨损间隙大或轴承座严重缺少润滑油；传动链轮与链条之间的间隙太大出现跳齿现象，输送带松弛与驱动滚筒的摩擦力不够，应检查并清除输送机卡滞异物。机器运转噪声大，应检查提斗与外罩刮擦声，提斗是否变形、牵引胶带是否走偏。并检查减速机、各轴承、传动件润滑是否不足及各轴承是否有异响。

七 生产线控制系统常见故障与排除

生产线控制系统包含1个控制中心和多个控制模块，由控制中心对功能模块进行集中控制，模块之间通过现场总线进行功能交互。生产线的一般故障基本发生在线控单元和子控单元。线控单元分为PLC模块部分、外围电路部分。引起硬件损坏或故障的原因主要有日常运行维护不及时或不当、外部的配电网不理想、生产线的接地不够良好、操作不当

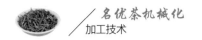

等。外围电路故障一般可分为元器件损坏、电路连接不良、干扰导致信号错误及其他。这些故障一般都要通过编程器与可编程控制器PLC连接,通过实时信号流程,检查出输入输出点的故障所在,然后再检查与此点相关的外围电路。名优茶加工控制系统有很强的自诊能力,出现自身故障或外围设备故障时,均可通过PLC上的诊断指示功能查找。控制系统PLC模块总体故障排除,根据总体检查流程图找出故障点的大方向,逐渐细化、找出故障点。电源故障排除指电源灯不亮需对供电系统进行检查,根据流程图找出故障点。输入输出故障诊断排除是指出现输出故障时,首先查看输出设备是否响应LED状态指示器。若输出触点通电,模块指示器变亮,输出设备不响应,应检查保险丝或替换模块,输入输出故障排除具体按照单元检查流程图排除。

▶ 第六节 事故应急处置与安全生产

紧急事故是突然发生、具有不确定性、需要响应主体立即做出反应并得到有效控制的危害性事件。事故应急预案是为了确保安全生产,能及时控制发生的紧急情况,并在确保人员安全的情况下及时有序地处置财产,使损失减少到最低。当事故爆发后可以通过分析现场情况,对照预案中的处理办法及时做出补救措施,大大缩短危机决策的时间,为合理解决危机奠定基础。编制紧急事故预案,能够增强应急决策的科学性和应急指挥的规范性和权威性,避免急救处理的随意性、主观性和盲目性,对于保证人身和财产安全及正常运营具有重要意义。茶叶生产中的紧急事故,可按照人员伤害事故和财产损失事故进行归类处理。茶叶生产常见的紧急事故一般具有瞬间性、偶然性、紧急性等发生特点,容易引起连锁反应,具有一定的危害性和破坏性。

一 事故应急程序

紧急事故应急管理是一个动态的过程,在事故发生前期、中期和后期都需要进行周密安排,做出科学合理的应对方案。在茶叶生产紧急事故应急处置管理中,需遵循"预防为主、及时反应、部门协作、专业处理、全体参与"的原则。成立事故应急管理小组,由单位各部门的骨干人员组成,负责应急管理机制的建立、应急预案的制定和应急资源的配置,建立并能够迅速收集所发生事件的信息系统,以及培训操作人员各种应急反应能力。事故发生后,做好现场的统一指挥、危机应对及业务的连续性保障。做好预防工作,很大程度上能减少事故发生的可能性,若事故一旦发生,也能有效地将其危害控制在一定范围内,减少人员伤亡和财产损失。预防工作主要包括做好消防器材、急救担架、药箱、通信联络设备和应急照明设备等事故应急处理物资的储备;其次,做好值班检查工作,定期定时对危险性部位和设备进行重点检查、测试与防护;定期对单位全体员工进行安全防范意识教育和技能训练。发生紧急事故时,在场人员应立即报告、报警,请求紧急救援救护,立即进行现场应急处置。应急管理人员要迅速确定事故的危害范围,了解事故现场周围其他危险源或与事故现场相关的危险设备情况,及早采取隔离和保护措施,防止连锁反应。事故处理结束后,要对事故发生的经过进行详细调查,分析总结事故成因,撰写事故报告并存档。

二 事故处置预案

紧急事故应对预案是对茶叶加工过程中将会产生的各种不确定性事故进行预测,并提出和制定应对预案、做出应急准备,可预防和控制潜在的紧急情况,最大限度地降低事故的发展态势,减少事故造成的人员伤亡和财产损失。根据茶厂实际情况,从人员伤害、财产损失角度对茶

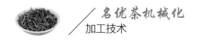
叶加工中的常见事故制定有关应急处置预案。造成茶叶加工企业人员伤害的事故应急预案包括机械伤害、触电、高空坠落、物体打击、煤气及其他可燃气体泄漏等,造成财产损失的事故应急预案则包括断电、水淹、火灾、爆炸等。当紧急事故发生后,能做到从容应对、正确处理,力争将事故损失和影响控制在最小范围。

以上仅是茶叶生产企业常见的紧急事故,在实际生产过程中,可能会出现其他多种无法预估的紧急事故,或人为原因引发的事故。因此,应建立面对事故的预警系统和预防机制,制茶车间内必须按要求设置急救箱,配置急救器材和消防设备等,这对于保障茶叶企业的员工人身安全和财产安全具有重要的意义。

第六章 茶叶包装贮藏和质量标准

▶ 第一节　茶叶包装

　　随着现代社会经济、科技的发展,茶叶消费需求呈现动态变化,茶叶包装的开发要与时俱进,不断调整、优化包装茶的价值内涵。现代包装概念既要求选用的包装材质能保证茶叶品质的货架期、符合消费者的经济承受能力,又要求具有新颖、精美的外观设计,能体现茶业品牌特征的商标标识,以达到建设品牌、引导消费、促进销售的目的。

一　茶叶包装的基本特性

1.科学规范

　　成品茶易断碎、吸附性强,容易吸湿、吸附异味,见光、遇热易氧化变质。因此,茶叶内包装必须具有优良的密闭性,以达到避光、阻氧、防潮、防异味的效果,外包装则应具有良好的抗振耐压强度,并根据茶叶品质特点和价值高低,选用科学、经济的包装方式,避免过分简化或过度包装,只注重包装的外观装饰,而忽视茶叶品质的保鲜。茶叶包装的规格定位与成本控制至关重要,既要考量消费群体的认同程度和经济承受能力,又要产生较好的经济效益。茶叶包装应严格执行食品行业的相关法律规定和技术标准,规范茶叶包装的使用行为。包装标识、标注应当包

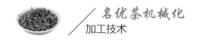

括商标、品名、规格、原产地、质量特征、使用说明、净含量、生产日期、保质期、厂名厂址,以及生产许可证号、条形码、二维码、产品标准号、卫生许可证号、环卫、防伪提示等项目。茶叶包装是品牌建设的重要载体,应保持茶叶包装的专一性、连续性,避免使用通用包装或外观雷同的包装款式,提升消费者对茶业品牌的识别与认知。面对着多元化的消费市场,茶叶包装要从材料质量、外观设计、款式造型、定量规格等方面入手,不断推出符合时代潮流、适应消费需求的系列化包装产品。

2.美观环保

茶叶包装应具有精美典雅的文字和图案及新颖别致的包装造型。需要经过精心的策划、巧妙的构思、专业的设计与制作,才能有良好的外观装饰效果。根据茶叶的品质特点和目标市场对象的消费需求,使茶叶包装的装饰性能够促进品牌推广和市场营销。包装茶外观设计要求做到文字优美、商标突出、符号图案精致,消费者见到装饰精美的茶叶包装,直观印象深刻,激发了他们的购买欲望,从而达到了广告宣传、促进销售的成效。外销包装茶的选材、款式、规格、图文、标注等内容须符合进口国的法律规定、文化特点及消费习惯,以获取更高的国际市场份额。茶叶包装用材应有利于回收再生或重复使用,遵循对环境影响最小原则,废弃物能被有效降解而不产生环境污染,以减轻塑料制品造成的白色污染及一次性包装的资源消耗。近年来,茶叶包装开始选用一些可降解纸塑复合袋、防潮涂膜纸袋等环保新材料,既隔湿、阻氧又经济环保,是符合社会需求的绿色包装。

(二) 茶叶包装的基本类型

茶叶作为一类较为特殊的食用农产品,为了实现较长时间的贮存和消费,保持茶叶的形、色、香、味,需要进行与之适配的包装。积极引导包装茶产品的消费,不断创造新的市场商机。

1.复合薄膜软包装

软包装大多采用双向拉伸聚丙烯(BOPP)、耐高温聚酯激光膜(PET)、聚偏二氯乙烯(PVDC)、铝箔(AL)及聚乙烯薄膜(PE)等两种以上专用材料,使用多层复合而成的包装袋,密封效果较好,阻隔性能较优,透氧率和透湿率极低。铝塑复合袋具有优良的阻氧性、避光性、防潮性、保香性,以及质量轻、无异味、不易破损、热封性好、成本较低等特点,在茶叶包装上被广泛应用,其中BOPP/AL/PE复合薄膜是当前茶叶软包装、小包装及内袋等包装材料的主流选择,BOPP/PVDC/PE阻隔性能与铝塑复合袋相近且透明可视。在保鲜方式上可采用干燥剂去湿、脱氧剂除氧或抽气充氮等气调技术进行保鲜,创造一个相对独立的微环境,减缓茶叶品质的变化速度。

2.气调包装

气调包装主要有真空包装或抽气充氮包装两种类型。真空包装是采用真空包装机,将茶叶袋内空气抽出后立即封口,使包装袋内形成亚真空状态,从而阻滞茶叶氧化变质。由于茶叶疏松多孔,表面积较大,且由于包装封口操作等原因,一般很难将空气完全抽除,并且,亚真空状态的包装袋收缩成硬块状,会在一定程度上影响高档茶芽叶的完整性。抽气充氮包装是通过专用设备,采用惰性气体氮气或二氧化碳来置换茶叶包装袋内活性很强的氧气,阻滞茶叶化学成分与氧的反应,减缓茶叶陈化和劣变,并能够保持茶叶外形的完整性。

3.罐盒包装

罐盒硬包装主要包括金属罐、纸板盒、塑料听、竹木罐及陶瓷器皿等。金属罐包装防破损、防潮、耐压、密封性能较好。金属罐大多采用镀锡薄钢板(马口铁,SPTE)、不锈钢、铝质及锡质等金属材料制成,其中,马口铁以经济实用、印铁制罐较易而被广泛应用。马口铁罐形多为圆筒形或方形,外设美观,有单层盖和双层盖,以复合薄膜为内袋入罐,是名优

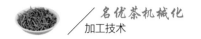

茶使用最广的包装形式。纸盒包装是采用白板纸、灰板纸等经印刷后压折成型,以复合薄膜为内袋装入纸盒。纸盒包装抗压、遮光性能较好,制盒成型印刷精美,是环保型绿色材质。

茶叶包装的发展趋势正在不断地提高包装作业的机械化、自动化水平,智能化自动包装机能够完成软包装的自动称量、装袋、计数、封口,以及盒(罐、听)包装的折盒、封盖、外包、喷码等作业。茶叶包装工程化能显著改善茶叶包装质量,提高包装工效,降低包装成本,保证茶叶的卫生质量及食用安全性,并可使用活性包装、食品辐照、无菌包装等先进技术,促进茶叶产品的保质、保鲜及货架期的延长。同时,应严格执行《限制商品过度包装要求 食品和化妆品(含第1号修改单)》(GB 23350)的规定要求,遵循安全实用、绿色简约、消费友好的食品包装理念,避免茶叶包装出现空隙过大、层数过多、材料过度、成本过高等过度包装问题。

▶ 第二节　茶叶贮藏

茶叶生产具有较强的时效性和季节性,茶叶疏松多孔且内含成分丰富,在加工、贮藏、销售乃至消费过程中,易受到高温高湿、光照和氧气、异味等外界因子的影响,会导致茶叶外形、香气、滋味、色泽发生复杂的物理变化和化学变化。特别是贮藏、销售过程中,除自身的氧化、降解外,茶叶的色、香、味、形受到外界环境的影响会出现不良变化,主要表现为干茶色泽由鲜变枯,如绿茶由翠绿变枯黄,乌龙茶由砂绿变暗绿,红茶由乌润变枯暗。同时,茶汤颜色加深,收敛性减弱,滋味变淡,香气减弱,产生陈味等。因此,适宜的贮藏保鲜方式有助于延长茶叶消费周期,保持茶叶品质的稳定。绿茶作为中国生产量最大的茶类,其保质、保鲜一直都是人们关注的焦点。

一 茶叶贮藏的品质变化

茶叶劣化变质的原因是茶多酚、氨基酸、类脂等内含成分在湿度、温度、氧气、光照4个外界因素作用下发生自动氧化的结果。其中,环境温度及茶叶含水量与茶叶贮藏品质关系密切,茶叶对光的反应较为敏感,氧气直接参与茶叶内含物自动氧化。实践证明,茶叶含水率控制在4%~5%,并采用防潮包装保存于干燥环境,能够较好地延长茶叶保质期。绿茶贮藏温度是影响其感官品质和化学成分最主要的因素;由氧气引起的茶叶内含物化学反应是导致茶叶质量变化的重要原因;茶叶中叶绿素对光照尤其敏感,使叶绿素分解导致干茶色泽由绿变黄,茶叶中的不饱和脂肪酸类物质在光照下氧化生成醛、酮、醇等异味物质,香气低沉、滋味变淡。研究表明,构成绿茶新茶香气特征的主要成分是正壬醛、顺己酸-3-己烯酯等;红茶主要香气成分是顺-茉莉酮、β紫罗酮、水杨酸甲酯、苯乙醛等;这些成分在茶叶的贮存过程中,随着时间延长而明显减少。茶叶贮藏中发生光氧化、热氧化,易产生具有陈味的1-戊烯-3-醇、丙醛、顺-2-戊烯-1-醇、3,4-庚二醛、辛二烯酮等低分子量醛、酮、醇等。

二 茶叶的贮藏保鲜

茶叶的贮藏保鲜技术是茶叶加工的核心环节,传统贮藏方法有木炭密封法、热装真空法等。目前,主要以干燥贮藏、除氧贮藏、低温贮藏、特定包装贮藏等方式进行贮藏保鲜。绿茶贮藏要做到"低温、干燥、避光、密封",贮藏保鲜是为茶叶产品提供一个避光、隔湿、密封的环境,减缓茶叶的劣变速率。

1.干燥保存与贮藏

商品茶质量标准的水分指标大都在7%及以下,如黄山毛峰茶、龙井茶、霍山黄芽茶等名茶为6.5%,六安瓜片茶则为6%,祁门红茶等大多数茶类为7%。在加工实践中,若茶叶含水量在5%以内,茶叶品质表现更优异、更稳定,茶叶贮藏效果更优良。较低的茶叶含水量是延长茶叶保质期和保持茶叶品质的关键。贮藏茶叶时,放入一定量的硅胶、木炭、活性炭等干燥剂,利用干燥剂吸水性能显著降低贮藏环境中的相对湿度,保持茶叶含水率达到标准要求。干燥保藏法高效简便实用;同时,选择具有防潮、阻氧、阻光、无异味、抗拉伸性强和热封性强等特性的复合包装材料是绿茶贮藏包装的关键。

2.低温冷藏保鲜

低温能够减缓茶叶内含成分的氧化,稳定茶叶品质。现有的保藏方法中,低温冷藏是绿茶最可靠、最有效的贮存方法。低温贮藏保鲜是将茶叶(主要是绿茶)贮藏于稳定、持续、干燥、避光的人工制冷环境中;一般冷藏温度为2~8℃,冷冻温度为-18~-10℃。目前,茶叶专用冷库有组合式冷库和土建式冷库两种;冷库内相对湿度控制在65%以下,温度2~8℃时(短期贮藏的在5~8℃,半年以上的在2~5℃),具有较好的保质保鲜效果和经济效益。对于家庭消费者,采用风冷冰箱或直冷冰柜低温保存是简便可靠的方法。短期贮藏绿茶可置于冷藏室,长期贮藏绿茶可储于冷冻室。经低温贮藏的绿茶取出后需先逐步升温至室温,使得茶叶表面温度与室温基本一致后才能拆封,避免茶叶受潮、陈化。在低温环境下,配合避光除湿可有效延长茶叶保质期,是名优茶贮存的最佳途径。

3.脱氧或真空保鲜

脱氧、抽真空可以有效地阻隔、去除氧气,防止茶叶劣变。食品级脱氧剂包括以还原态铁粉、亚硫酸盐类、铂膜等无机基质为主和以酶、抗坏血酸、亚油酸等有机基质为主的两种脱氧剂,利用其氧化吸氧降低含氧量,脱氧剂一般无毒无味不会影响茶叶的品质;将成品茶和除氧剂装入气密性良好的复合膜袋并封口,氧含量可在短时间内(24 h)降为0.1%以下。食品级保鲜剂主要由硅胶、活性炭、碱石灰、苯甲酸、抗坏血酸、天然维生素E、焦亚硫酸钠等除湿与除氧材料混制而成,吸附能力强、无毒无味,能有效防止茶叶氧化,保证茶叶质量。抽真空保藏是指对装有茶叶的容器进行抽气,使容器内部呈现亚真空状,抽真空易对茶叶外形完整性造成一定的影响;而真空充氮是指抽真空后,再充入氮气,氮气不仅能起到填充和保护外形作用,还能保持茶叶中的香气。真空保鲜、抽气充氮保鲜技术适用于小包装贮藏,保鲜效果较好,但对设备和成本要求较高。生产实践中,包装茶大都采用天然除氧剂贮藏保鲜,成本低、操作简单,结合干燥剂贮藏的效果更为显著。

生物保鲜剂是一种利用微生物本身或者代谢产物保持茶叶品质并融合多学科的新兴技术。绿茶由茶树的芽、叶、嫩茎为原料加工而成,不添加任何非茶类添加剂;而微生物拮抗保鲜菌和其他生物保鲜剂是通过喷洒在茶叶表面形成一层保护膜,属于添加剂的范围,不适用绿茶等原茶类产品,可用于茶食品和茶制品的加工与保鲜。

三 茶叶包装储运

茶叶产品标签应符合《预包装食品标签通则》(GB 7718)和《茶叶包装通则》(GH/T 1070)的规定要求,上述标准中规定了我国茶叶包装的基本要求、运输包装、销售包装、试验方法和标签、标志。毛茶、半成品、成品茶要分别存放,茶叶贮存应符合《茶叶贮存》(GB/T 30375)的规定要求,此标准中规定了我国各类茶叶产品贮存的管理要求。成品茶储运标志应符合《包装储运图示标志》(GB/T 191)的规定要求,此标准中规定了包装储运图示标志的名称、图形符号、尺寸、颜色及应用方法。茶叶运输工具应清洁、干燥、无异味、无污染,运输时应防雨、防暴晒,不得与其他物品混装、混运。

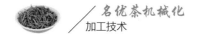
第三节　茶叶质量标准与检验

一　茶叶感官审评

茶叶感官审评主要是指审评人员利用正常的视觉、嗅觉、味觉、触觉等感官辨别能力,对茶叶的外形、汤色、香气、滋味与叶底5项因子进行综合分析和评价,从而达到鉴定或判别茶叶品质的目的。茶叶感官审评因其准确、全面、迅捷的优点,一直被视为是评价茶叶品质的基本方法。虽然现今的理化检验取得了较大的进展,但是茶叶感官品质与化学品质之间,仍然不能全面反映其与级别、品质间的线性关系,更没有仪器设备能够完全取代人的感官评判。

1.审评程序

基本流程:取样、把盘(评外形),扦样、称样、冲泡、沥茶汤,评汤色、嗅香气、尝滋味、评叶底。

取样把盘(摇盘),观看上、中、下段茶的情况,评外形各项因子,书写外形评语,重新摇盘。调整好称样工具,扦样、称样,温具、倒入茶样,调整好计时器,冲泡计时,沥茶汤,用茶匙在汤碗中打圈,观看汤色,写汤色评语;嗅香气,写评语;尝滋味,写评语;评叶底,写评语及其他需要判断的内容;清理、清洁审评时所用的器具,审评结束。

2.审评条件

(1)审评室条件:茶叶审评室要求坐南朝北,北向开窗,室内空气清新、整洁安静,温度和湿度适宜。审评室墙壁为乳白或浅灰色;天花板为白色或近白色;地面为浅灰色或较深灰色。室内以自然光为主,光线柔和、明亮,无阳光直射,无杂色反射光。审评台分为干性、湿性审评台,观察外形的干评台高度为80~90 cm、宽度为60~75 cm,台面为黑色亚光;开汤的湿评台高度为75~80 cm、宽度为45~50 cm,台面为白色亚光,审评台长度视实际需要而定。

(2)审评器具:专业的茶叶审评用具主要包括评茶盘、审评杯碗套件、叶底盘,还有取样用具、茶匙、汤杯、吐茶筒、烧水壶、计时器、称茶天平等。审评盘为正方形,外围边长23 cm,边高3.3 cm,盘一角呈缺口,白色无味。评茶标准杯碗:专用白色瓷质标准,精制茶(成品茶)审评杯容量为150 ml,呈圆柱形,高6.6 cm、内径6.2 cm、外径6.7 cm,与杯柄相对杯口上缘有3个呈锯齿形滤茶口,具盖,盖上有一小孔;审评碗容量240 ml,外径9.5 cm,高5.6 cm。初制茶(毛茶)审评杯容量为250 ml,呈圆柱形、高7.5 cm、外径8 cm,有滤茶口,审评碗容量440 ml,外径11.2 cm、高7.1 cm。叶底盘为黑色、正方形,外径边长10 cm、边高1.5 cm,主要用于精制茶。白色搪瓷盘为长方形,外形长23 cm、宽17 cm、边高3 cm,主要用于初制茶。称量用具多用感量单位0.1 g的托盘天平或电子秤;计时器选用定时钟或特制砂时计,精确到秒。审评用水的理化指标和卫生指标应符合GB 5749,同一批茶叶的审评用水水质应一致。

3.审评项目

(1)外形审评:茶叶外形审评又称干评,分别从形状、色泽、嫩度、整碎、净度等方面综合判别茶叶的质量;各种茶叶种类的品质特点和要求存在一定的差异。首先是评判形状是否达到或接近茶叶产品的标准要求和质量风格;茶叶嫩度可从含芽量、颜色、光润度、茸毛含量等方面综合评判;茶叶色泽是评价干茶颜色和光泽度,可以判断茶叶的种类与级别;整碎与净度是评价茶叶的一致性。把盘指双手把持样盘,做回旋转动并收拢成馒头形,使茶样分出上、中、下3个层次。用目测、鼻嗅、手触等方法,通过翻动、调换位置,审评干茶香气、形状、嫩度、色泽、整碎、净度、含水量等。用鼻嗅干茶的香气是否纯正,有无异杂味,香型。目测其

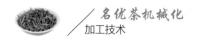
上、中、下段茶的情况和比例是否合理,目测茶叶外形的形状、色泽、整碎、匀净度情况。并手触茶叶,感受茶叶的重实度及大概的含水率。

(2)内质审评:茶叶内质审评又称湿评,是指将茶叶开汤冲泡进行评价。首先将茶盘中的茶样用回旋法收拢成馒头状,用拇指、食指、中指3个手指,由上到下扦样。按标准要求,准确称取茶样3 g或5 g置于审评杯中,然后按1∶50比例冲入沸水,静止达到规定冲泡时间(绿茶4 min、红茶5 min),准时将茶汤倒入审评碗内,观测审评碗内茶汤色泽,嗅闻审评杯中茶叶香气,品尝审评碗内茶汤滋味,最后将审评杯中的茶叶全部倒入叶底盘内审评叶底。观汤色指目测茶汤颜色的种类、色度、明暗度和清浊度。嗅香气指嗅闻香气的类型、浓度、纯度、持久性;分热嗅、温嗅和冷嗅。热嗅在开汤后1~2 min进行闻嗅,主要是辨香气纯异;温嗅为茶叶温热,主要辨香气的质量、高低与香型;冷嗅在尝滋味后、评叶底前,茶叶凉后再嗅,辨香气的持久性。尝滋味指品尝滋味的浓淡、厚薄、醇涩、纯异和鲜钝等,辨别滋味的最佳汤温在50℃左右。评叶底指评叶底的老嫩、厚薄、色泽与均匀度。

二 茶叶质量检验检测

茶叶理化检验是指采用物理、化学的方法和手段检测成品茶、半成品茶及毛茶等的物理性状和化学成分含量。茶叶物理检验项目有粉末、碎茶含量检验、茶叶包装检验、茶叶夹杂物含量检验和茶叶衡量检验等法定检验,以及干茶比重、比容检验、茶汤比色等一般检验。茶叶化学检验项目除水分、灰分作为法定检验外,根据合同约定或客户要求,特别指定的化学检验项目有多酚类、咖啡因、水浸出物、粗纤维、氨基酸及红茶中的茶黄素、茶红素等。影响人体健康的有害成分如重金属铅、铜含量及农药残留量,属卫生指标的必检项目。世界茶叶产销国家对茶叶及茶制品的品质均有严格的规定,制定了茶叶理化检验项目、含量指标及检验方法标准。通常茶叶可按照产品包装上标注的执行标准中规定的项目进行检测,除感官品质外,还有理化指标、卫生指标(污染物限量和农药残留限量)、净含量、标签等。

1.感官品质评价

茶叶感官品质主要包括外形(形状、嫩度、色泽、匀整度、净度)、汤色、香气、滋味、叶底等品质要素,根据客户要求依据相关标准对茶叶及相关制品进行符合性评定、等级判定、评语描述等。

2.理化成分检测

主要有茶多酚、游离氨基酸总量、咖啡因、儿茶素(EGCG、ECG、EGC、EC、C)、茶黄素、茶红素、茶褐素、茶氨酸、γ-氨基丁酸、氨基酸组分、水浸出物、粗纤维、叶绿素、黄酮、花青素、茶多糖,水分、总灰分、水溶性和水不溶性灰分、酸不溶性灰分、水溶性灰分碱度,粉末、碎茶、茶梗、非茶类夹杂物、茉莉花干、非茶非花类物质,以及茶叶容重、溶解性、自由流动和紧密堆积密度、粒度等。

3.农药残留检测

主要有六六六、滴滴涕、三氯杀螨醇、氰戊菊酯、联苯菊酯、甲氰菊酯、噻嗪酮、硫丹、氟氯氰菊酯、氟氰戊菊酯、氯菊酯、溴氰菊酯、氯氰菊酯、儿氯二丙醚(S421)、顺式氰戊菊酯、氯氟氰菊酯、甲胺磷、乙酰甲胺磷、杀螟硫磷、喹硫磷、磺依可酯、乐果、敌敌畏、三唑磷、毒死蜱、三氯杀螨砜、哒螨灵、水胺硫磷、乙嘧酚磺酸酯、氟虫腈、异稻瘟净、溴螨酯、扑草净、五氯硝基苯、仲丁威、溴虫腈、杀螟丹、吡虫啉、啶虫脒、草铵膦、草甘膦、百草枯、苦参碱、代森锌(二硫代氨基甲酸盐类)、井冈霉素等。包括GB 2763食品中农药最大残留限量的所有涉禁项目,出口欧盟、日本、美国等国家和地区的茶叶农残筛查与检测等。

4.元素检测

主要有钾、钙、钠、镁、铝、锌、铁、锰、硒、硫、磷等。

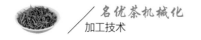
5.污染物检测

主要有铅、铜、铬、镉、锡、镍、氟、总砷、稀土、二氧化硫、蒽醌、高氯酸盐等。

6.微生物检测

主要有霉菌和酵母、菌落总数、大肠菌群、冠突散囊菌等。

7.真菌毒素检测

主要有黄曲霉毒素(B_1、B_2、G_1、G_2)、脱氧雪腐镰刀菌烯醇(DON)、展青霉素、赭曲霉毒素A、玉米赤霉烯酮。

8.着色剂检测

主要有柠檬黄、苋菜红、胭脂红、日落黄、亮蓝、赤藓红等。

9.香气成分检测

茶叶中的香气物质。

10.标签和净含量检验

标签包括:食品名称,配料表,配料的定量标示,净含量和规格,生产者、经销者的名称、地址和联系方式,生产日期,保质期,贮存条件,食品生产许可证编号,产品执行标准号等。

(三) 茶叶加工与质量标准

茶叶加工标准化实践关键在于有"标"可依、有"标"必依、用"标"必准、管"标"必严,不断健全、完善我国茶叶标准化建设体系。

1.茶叶加工规范主要适用标准

(1)食品加工通用规范:GB 14881《食品生产通用卫生规范》、GB/T 31621《食品经营过程卫生规范》。

(2)茶叶加工规程:GB/T 31748 茶鲜叶处理要求、GB/T 32744 茶叶加工良好规范、GB/T 40633 茶叶加工术语、GH/T 1124 茶叶加工术语、GH/T 1077 茶叶加工技术规程、NY/T 5019 茶叶加工技术规程、NY/T 5198-

2002 有机茶加工技术规程、GB/T 35863 乌龙茶加工技术规范、GB/T 32743 白茶加工技术规范、GB/T 39592 黄茶加工技术规程、GB/T 34779 茉莉花茶加工技术规范,GB/Z 21722 出口茶叶质量安全控制规范,GB/T 24615 紧压茶生产加工技术规范,GB/T 30378 紧压茶企业良好规范,GB/T 39562 台式乌龙茶加工技术规范、GB/T 39592 黄茶加工技术规程。

(3)地方标准:DB33/T 479 茶叶加工场所基本技术条件(浙江)。

2.茶叶审评与质量检测主要适用、引用标准

(1)茶叶审评:GB/T 23776 茶叶感官审评方法、GB/T 14487 茶叶感官审评术语、GB/T 18797 茶叶感官审评室基本条件等。

(2)卫生质量:GB 2762 食品中污染物限量、GB 2763 食品中农药最大残留限量;GB 23200.13-2016 茶叶中448种农药及相关化学品残留量的测定 液相色谱-质谱法,GB 23200.26-2016 茶叶中9种有机杂环类农药残留量的检测方法等。

(3)理化检测:GB/T8302 茶取样、GB 5009.3 食品中水分的测定、GB 5009.4 食品中灰分的测定、GB/T8303 茶磨碎试样的制备及其干物质含量测定、GB/T 8305 茶水浸出物测定、GB/T 8309 茶水溶性灰分碱度测定、GB/T 8310 茶粗纤维测定、GB/T 8311 茶粉末和碎茶含量测定、GB/T 8313 茶叶中茶多酚和儿茶素类含量的检测方法等。

3.茶叶产品主要适用、引用标准

(1)绿茶:GB/T 14456.1 绿茶 第一部分 基本要求,GB/T 14456.2 绿茶 第二部分 大叶种绿茶,GB/T 14456.3 绿茶 第三部分 中小种绿茶,GB/T 14456.4 绿茶 第四部分:珠茶,GB/T 14456.5 绿茶 第五部分:眉茶,GB/T 14456.6 绿茶 第六部分:蒸青茶。

(2)红茶:GB/T 13738.1 红茶 第一部分:红碎茶,GB/T 13738.2 红茶 第二部分:工夫红茶,GB/T 13738.3 红茶 第三部分:小种红茶。

(3)青茶:GB/T 30357.1 乌龙茶 第一部分:基本要求,GB/T 30357.2 乌

龙茶 第二部分：铁观音（含第 1 号修改单），GB/T 30357.3 乌龙茶 第三部分：黄金桂，GB/T 30357.4 乌龙茶 第四部分：水仙，GB/T 30357.5 乌龙茶 第五部分：肉桂，GB/T 30357.6 乌龙茶 第六部分：单丛，GB/T 30357.7 乌龙茶 第七部分：佛手，GB/T 18745 地理标志产品 武夷岩茶，GB/T 30357.9 乌龙茶 第九部分：白芽奇兰，GB/T 39563 台式乌龙茶。

（4）黑茶：GB/T 32719.1 黑茶 第一部分：基本要求，GB/T 32719.2 黑茶 第二部分：花卷茶，GB/T 32719.3 黑茶 第三部分：湘尖茶，GB/T 32719.4 黑茶 第四部分：六堡茶，GB/T 32719.5 黑茶 第五部分：茯茶；GB/T 22111 地理标志产品 普洱茶。

紧压茶：GB/T 9833.1 紧压茶 第一部分：花砖茶，GB/T 9833.2 紧压茶 第二部分：黑砖茶，GB/T 9833.3 紧压茶 第三部分：茯砖茶，GB/T 9833.4 紧压茶 第四部分：康砖茶，GB/T 9833.5 紧压茶 第五部分：沱茶，GB/T 9833.6 紧压茶 第六部分：紧茶，GB/T 9833.7 紧压茶 第七部分：金尖茶，GB/T 9833.8 紧压茶 第八部分：米砖茶，GB/T 9833.9 紧压茶 第九部分：青砖茶。

（5）白茶：GB/T 22291 白茶、GB/T 31751 紧压白茶。

（6）黄茶：GB/T 21726 黄茶。

4.茶叶包装、计量、贮运适用标准

（1）包装标准：GB 7718 食品安全国家标准 预包装食品标签通则、GB/T 33915 农产品追溯要求 茶叶、GB 4806.7 食品安全国家标准 食品接触用塑料材料及制品、GB 4806.8 食品安全国家标准 食品接触用纸和纸板材料及制品、GB 4806.9 食品安全国家标准 食品接触用金属材料及制品、GB 9683 复合食品包装袋卫生标准、GH/T 1070 茶叶包装通则、BB/T 0078 茶叶包装通用技术要求、GB/T 191 包装储运图示标志、GB/T 30375 茶叶贮存。

（2）计量标准：国家质量监督检验检疫总局令〔2009〕第 123 号 关于

修改《食品标识管理规定》的决定、JJF 1070 定量包装商品净含量计量检验规则、定量包装商品计量监督管理办法 国家质量监督检验检疫总局〔2005〕第 75 号。

5.其他涉茶类标准

（1）通用茶叶标准：GB/T 30766　茶叶分类；NY 5196 有机茶，NY/T 288 绿色食品 茶叶，NY/T 600 富硒茶。

（2）再加工茶标准：GB/T 22292 茉莉花茶、GH/T 1117 桂花茶。

（3）茶食品和茶制品标准：GB/T 21733 茶饮料、GB/T 34778–2017 抹茶。GB/T 31740.1 茶制品第一部分：固态速溶茶、GB/T 31740.2 茶制品第二部分：茶多酚、GB/T 31740.3 茶制品第三部分：茶黄素等。

（4）代用茶标准：NY/T 2140 绿色食品 代用茶，GH/T 1091 代用茶、DBS34/ 2607 代用茶（安徽）。

（5）其他标准：GH/T 1119 茶叶标准体系表，NY/T 2740 农产品地理标志茶叶类质量控制技术规范编写指南，GB/T 38126 电子商务交易产品信息描述茶叶，GB/T 38208 农产品基本信息描述茶叶。

茶叶加工标准化主要包括：车间功能化、设施清洁化、工艺精确化、技术精准化、装备精良化、操控自动化、能源环保化、产能高效化。标准化的“标”是指茶叶加工全程的科学、合理、规范、稳定，以及符合相关规程要求；标准化的“准”是指茶叶加工中工艺、技术与促进品质形成的精准性，以及全流程的工程化；标准化的“核”是指保障茶叶加工目标的实现和连贯性、一致性，以及加工效果、效率、效益的高度协同。

在名优茶机械化加工进程中，应重点掌控付制原料叶物料特性的物理变化与化学变化，在制品含水率、吸热率、换热率和阶段性失水率、失水速率，以及机械力诱导的热化学作用和品质化学成分的形成与转化。名优茶加工生产线的装备适配，应根据茶类加工特点、原料叶数量与质量变化，依照机械与工艺性能进行选型、改型及组配，实现一线多用、产

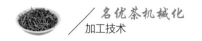
能有释放空间,满足生产线低负荷和超负荷调控需求。根据茶叶加工季节性与装备依赖性的综合考量,茶机选配时机理服从茶理,设备运行时茶理受制机理,不断推动制茶装备的功能化研制与模块化应用,促进机制名优茶品类的差异化开发。

参 考 文 献

[1] 陈椽.茶业通史[M].北京:中国农业出版社,2008.

[2] 陈宗懋,杨亚军.中国茶经[M].上海:上海文化出版社,2011.

[3] 陈椽.制茶技术理论[M].上海:上海科学技术出版社,1984.

[4] 王镇恒,王广智.中国名茶志[M].北京:中国农业出版社,2000.

[5] 夏涛.制茶学[M].北京:中国农业出版社,2016.

[6] 林智,王云.绿茶加工技术与装备[M].北京:科学出版社,2020.

[7] 宛晓春.茶叶生物化学[M].北京:中国农业出版社,2003.

[8] 丁勇.安徽绿茶[M].合肥:安徽科学技术出版社,2020.

[9] 丁勇,廖万有.名优茶开发的技术需求与经营策略[J].茶业通报,2003,25
(4):184-186.

[10] 丁勇,周坚.名优绿茶机械化加工技术集成与应用[J]中国农学通报,2009,
25(3):128-131.

[11] 丁勇,廖万有.炒青绿茶清洁化初制技术集成应用[J].广东茶业,2007(1):
16-19.

[12] 丁勇,廖万有.外销绿茶清洁化精制技术研究与应用[J].中国茶叶加工,
2008(4):28-31.

[13] 丁勇,雷攀登.我国红茶产业的发展现状和技术需求及策略[J].农业现代
化研究,2011,32(5):592-595.

[14] 丁勇,徐奕鼎.祁门红茶初制中萎凋与初烘工艺研究[J].中国农学通报,
2010,26(9):110-114.

[15] 丁勇,廖万有.祁红颗粒茶加工技术研究[J].中国茶叶加工,2006(1):32-
34.

[16] 丁勇,徐奕鼎.工夫红茶精制中色选技术应用研究[J].中国茶叶加工,2009
(2):22-26.

[17] 丁勇.名优绿茶加工设备的技术特性与应用[J].中国茶叶加工,2013(4):
46-50.

[18] 李青绵.多槽锅式茶叶理条机锅体曲线的研究[J].机电工程,2019,36(3):
307-310.

[19] 韩余.红茶加工工艺及机械设备研究进展[J].中国农机化学报,2013,34
(2):20-24.

[20] 覃事永.工夫红茶加工装备研究现状[J].中国茶叶加工,2018(4):43-47.

[21] 丁勇.茶叶精制主体设备的技术特性与应用[J].中国茶叶加工,2012(1):
31-35.

[22] 丁勇,廖万有.茶叶色选机的技术特性与应用[J].茶叶,2009(1):33-36.

[23] 丁勇.试析茶叶加工工程的技术应用[J].中国茶叶加工,2002(4):21-27.

[24] 苏鸿.香茶自动化加工生产线技术特点简介[J].中国茶叶加工,2019(1):
52-54.

[25] 唐小林,罗列万.名优茶厂建设基本要求与关键设备[J].中国茶叶加
工,2016(2):84-87.

[26] 王岳梁,罗列万.名优茶连续自动生产线操作与维护[J].中国茶叶加工,
2016(5):57-60.

[27] 王岳梁,罗列万.名优茶连续自动生产线常见故障与排除[J].中国茶叶加
工,2016(6):63-69.

[28] 王国海.绿茶加工连续化生产线实践[J].中国茶叶加工,2003(2):16-17.

[29] 权启爱.新技术在茶叶加工中的应用[J].中国茶叶,2002,24(2):16-18.

[30] 丁勇.茶叶包装的基本特性及应用趋势[J].中国茶叶,2003,25(4):12-13.

[31] 丁勇,廖万有.茶叶产业化的建设模式及实现途径[J].农业科技管理,
2009,28(4):16-20.

[32] 丁勇.试析茶叶的市场特性与营销策略[J].中国茶叶,2005,27(2):10-12.

[33] 姜仁华.中国茶产业发展40年(1978-2018)[M].北京:中国农业科学技术
出版社,2020.